電子情報通信レクチャーシリーズ B-7

コンピュータ プログラミング

―― Pythonでアルゴリズムを実装しながら問題解決を行う ――

電子情報通信学会◉編

富樫　敦 著

コロナ社

刊行のことば

新世紀の開幕を控えた1990年代，本学会が対象とする学問と技術の広がりと奥行きは飛躍的に拡大し，電子情報通信技術とほぼ同義語としての“IT”が連日，新聞紙面を賑わすようになった．

いわゆるIT革命に対する感度は人により様々であるとしても，ITが経済，行政，教育，文化，医療，福祉，環境など社会全般のインフラストラクチャとなり，グローバルなスケールで文明の構造と人々の心のありさまを変えつつあることは間違いない．

また，政府がITと並ぶ科学技術政策の重点として掲げるナノテクノロジーやバイオテクノロジーも本学会が直接，あるいは間接に対象とするフロンティアである．例えば工学にとって，これまで教養的色彩の強かった量子力学は，今やナノテクノロジーや量子コンピュータの研究開発に不可欠な実学的手法となった．

こうした技術と人間・社会とのかかわりの深まりや学術の広がりを踏まえて，本学会は1999年，教科書委員会を発足させ，約2年間をかけて新しい教科書シリーズの構想を練り，高専，大学学部学生，及び大学院学生を主な対象として，共通，基礎，基盤，展開の諸段階からなる60余冊の教科書を刊行することとした．

分野の広がりに加えて，ビジュアルな説明に重点をおいて理解を深めるよう配慮したのも本シリーズの特長である．しかし，受身的な読み方だけでは，書かれた内容を活用することはできない．“分かる”とは，自分なりの論理で対象を再構築することである．研究開発の将来を担う学生諸君には是非そのような積極的な読み方をしていただきたい．

さて，IT社会が目指す人類の普遍的価値は何かと改めて問われれば，それは，安定性とのバランスが保たれる中での自由の拡大ではないだろうか．

哲学者ヘーゲルは，“世界史とは，人間の自由の意識の進歩のことであり，··· その進歩の必然性を我々は認識しなければならない”と歴史哲学講義で述べている．“自由”には利便性の向上や自己決定・選択幅の拡大など多様な意味が込められよう．電子情報通信技術による自由の拡大は，様々な矛盾や相克あるいは摩擦を引き起こすことも事実であるが，それらのマイナス面を最小化しつつ，我々はヘーゲルの時代的，地域的制約を超えて，人々の幸福感を高めるような自由の拡大を目指したいものである．

学生諸君が，そのような夢と気概をもって勉学し，将来，各自の才能を十分に発揮して活躍していただくための知的資産として本教科書シリーズが役立つことを執筆者らと共に願っている．

なお，昭和55年以来発刊してきた電子情報通信学会大学シリーズも，現代的価値を持ち続けているので，本シリーズとあわせ，利用していただければ幸いである．

終わりに本シリーズの発刊にご協力いただいた多くの方々に深い感謝の意を表しておきたい．

2002 年 3 月

電子情報通信学会 教科書委員会
委員長　辻　井　重　男

まえがき

本書は，「プログラミング」の教科書である．より正確にいえば，問題解決のためのアルゴリズムとその実装の教本である．プログラミングとはプログラムを作成する総合的なプロセスであるが，プログラムはコンピュータに限った術語だけではない．入学式のプログラム，TVプログラム，教育プログラムなどのプログラムもある．共通するのは，ことの順番という概念であり，どの使用例でも順序が重要となる．以上から，「コンピュータプログラムとは，コンピュータにやらせたい処理を順番に書いたもの」となる．昨今では，書かれた通りにプログラムは必ずしも実行されない．本書では，人工知能分野や教育分野で一番利用頻度が高いPython というプログラミング言語を採用し，プログラミング教育を行う．

人工知能，深層学習の社会的インパクトの大きさから，プログラミングの重要性が全世界的に認識されつつある．プログラミングを習得すれば，誰でも AI プログラムを書けるようになったのである．日本においても，ついに 2020 年度にプログラミングが小学校教育で必修化になった．中学では 2021 年度に，高校教育では 2022 年度に必修化する．大学教育においても，文部科学省の指導もあり，プログラミングを全学必修とする大学も出てきた．

プログラミング言語の歴史をひも解くと，年々プログラミングは人間に寄り添ってきた．しかし，自然言語で自由奔放にその解法アルゴリズムを書いても，いまだにコンピュータは処理できない．まだ人間とコンピュータの間には，ギャップがある．その中でも，Python は，人間の思考法や表現法に比較的近い特徴を有するプログラミング言語である．本書では，アルゴリズムの記述・実装として Python を採用し，そのプログラミングスタイルに従う．

本書はプログラミングの入門書であるが，文法書ではない．問題解決という目的のために，その背後の関連知識も身に付けながら，その解法をアルゴリズムとして思索し，プログラムによって実現する．つまり，本書の目的は，プログラミングによる問題解決法を習得することを目的とする．つまり，昨今のデータサイエンティストのように，課題を解決していく能力を涵養したい．そのためには，数学，エンジニアリング，サイエンスの素養も身に付けなければならない．

有能なプログラマーは，数学者のように数学という武器を利用して頭に浮かんだアイディアを表現・推論し，ときには証明・計算もする．またときには，エンジニアのようにことがらを設計し，システムまで組み立て全体をテスト・評価する．またときには，自然科学者のように自然界を観察し，仮説を立て予測を評価・証明する．プログラマーにとって最も重要な能力は，問題解決能力である．問題の所在を確かめ，定式化し，創造的に解決法を思考し，正確かつ効率よく問題を解決していく．プログラミングは，問題解決能力を磨く絶好のタスクである．

以上の思いを描いて，8章構成で本書の目的を達成する．最後の8章では，代表的な問題をプログラミングを通して解決していく．そこで重要なのが，モジュール化，抽象化の概念であり，その思想の具現化であるオブジェクト指向の概念を7章で学ぶ．プログラムは，データ構造と制御構造からなる．Pythonの柔軟で強力なデータ構造力を4章で学ぶ．制御構造については，残りの章で学ぶ．1章は序章であるが，2章から4章は，チュートリアル的存在である．つまり，4章まで読めば，一通りのプログラムが書ける能力を有するように工夫した．3章の前半では，局所変数・大域変数，スコープといった関数の重要な概念を補完する．また，後半では，エラーと例外処理に切り込む．5章で条件分岐とループ構造，6章で簡易的抽象化・モジュール化の具体化である関数を習得し，再帰関数でその章を締めくくる．学習者の利便性を考慮し，付録ではPythonのデータ構造・主な関数を中心にまとめた．必要に応じて，参照していただきたい．

本書執筆に当たり，本書査読者の教科書委員会幹事・東京大学名誉教授の石塚満先生には，著者が気づかない細部にまで目を通していただいた．また，公立大学法人宮城大学の須栗裕樹教授には，草稿段階の粗削りのテキスト並びに校正稿を精読いただき，適切なコメントを頂いた．

最後に，本書執筆の機会を与えていただいた電子情報通信学会教科書委員会の皆様，そして怠惰な執筆者を辛抱強く待ち続け，本書完成までお付き合いいただいた委員会・コロナ社の担当者には最大の感謝を表したい．また，刊行にあたりお世話になったコロナ社に敬意を表する次第である．

2022年2月

富　樫　　敦

【プログラムなど，電子データのダウンロード】

修学者の利便性を考慮し，本書に掲載したプログラムと簡単な解説，補足事項，章末問題の解答などを，以下の本書の書籍詳細ページ（コロナ社のWebページから書名検索でもアクセス可能）からダウンロードできるようにした．

https://www.coronasha.co.jp/np/isbn/9784339018226/

すべて，Anaconda社のJupyterNotebook形式に統一し，実行しながら学習できるようにした．本書の修正や本書にない情報も掲載したので活用していただきたい．

目　　　　次

1.　プログラミングとは

2.　プログラミング・チュートリアル（制御フロー編）

3.　プログラミング・チュートリアル（制御フロー編・発展編）

4. プログラミング・チュートリアル（データ構造編）

5.　条件分岐と繰返し

6.　関数と再帰

7. オブジェクト指向プログラミング

8. 問題解決とプログラミング

付　　　録

1 プログラミングとは

本章は本書全体の序章であり，2 章以降からプログラミングの本体を展開する．具体的な展開の前に，「プログラミング」に関し，問題解決ならびにその方法であるアルゴリズムとの関連で，プログラミングについて説明する．また，本書で扱う問題解決とアルゴリズムに関する基礎知識を簡単にまとめた．探索問題，ソーティング問題，最短経路問題，最適化問題と続く．最後に，計算可能関数について簡単に述べた．

1.1 はじめに

本書は**プログラミング**の入門書であるが，プログラミング言語の文法書ではない．問題解決を通して，その問題の背景知識も身につけながら，その解法をプログラムを通して理解し，プログラミングによる問題解決法を習得することを目的とする．つまり，コンピュータサイエンティストのように考え，課題を解決していく能力を涵養したい．そのためには，数学，エンジニアリング，サイエンスの素養も身に付けなければならない．

コンピュータサイエンティストは，数学者のように形式言語を使用して頭に浮かんだアイデアを記述し，ときには計算もする．エンジニアのようにことがらを設計し，コンポーネントをシステムまで組み立て，代替案間のトレードオフを評価する．自然科学者のように複雑なシステムの挙動を観察し，仮説を立て，予測を評価する．

コンピュータサイエンティストにとって，最も重要な能力は問題解決能力である．ここで，**問題解決能力**とは，問題の所在を確かめ，定式化し，解決策について創造的に思考をめぐらし，明確かつ正確に解決策を表現する能力を意味する．このような文脈から，プログラミングを学ぶプロセスは，問題解決能力をみがく絶好の機会である．

あるレベルまでプログラミングを学べば，それ自体は有用なスキルになる．もう少し上のレベルでは，目的を達成する手段としてプログラミングを使用する．学習が進むにつれて，プログラミングの目的はより明確になるに違いない．本書は，後者のもう少し上のレベルを目指す．

1.2 プログラミングとは

プログラムとは，計算の実行方法を指定する一連の命令である．計算には，方程式系を解く，多項式の根を見つけるなどの数学的計算のほか，ドキュメント内のテキストを検索して置換するとか，プログラムをコンパイルするなどの記号計算までを含む．詳細はプログラミング言語によって異なるが，ほとんどのプログラミング言語は，次のような機能を提供する．

入　力：キーボード，ファイル，その他のデバイスなどの標準入力からデータを取得する．

出　力：画面，ファイル，その他のデバイスなどの標準出力に結果を送信する．

算術演算：加算や乗算などの基本的な数学演算を実行する．

条件分岐：特定の条件を確認し，適切な一連の文（ステートメント）を実行する．

繰返し：いくつかのバリエーションを使用して，一連の文を繰返し実行する．

関　数：あるまとまった文を抽象化し，再利用できるようにモジュール化する．

クラス：オブジェクト指向的パラダイムとする．

以上の素材や概念がプログラムのすべてである．これまで人類が創造してきたすべてのプログラムは，どのように複雑であっても，これらの素材で構成されていた．したがって，プログラミングは，タスクを，サブタスクがこれらの基本的な命令のいずれかで実行できるほど単純になるまで，分割するプロセスであると説明できる．

1.3 アルゴリズムとプログラム

アルゴリズムもプログラムも，問題を解くための手順（方法）であり，課題解決のためのものである．両者を簡単に一言で表すと，次のようになる．

アルゴリズム：問題を解くための（詳細な）手順である．

プログラム：アルゴリズムをコンピュータ上で実行可能にする具体的表現である．

一例として，次のような簡単な問題を考える．

【問　題】

1 から正の整数 N = 100 までの総和を計算して，その結果を出力する．

【アルゴリズム 1】 1 から N までを順に加えて，その結果を出力する．

【アルゴリズム 2】 数学者ガウス (Gauss) 流に考え（結果的に公式を使用し），計算し結果を出力する．

【アルゴリズム 3】 総和を求める組込み関数を利用する．

【アルゴリズムと実装法】

1 から正の整数 N までの総和を求めるという，非常に簡単な問題に対しても，いくつかのアルゴリズムがある．それでは，これらのアルゴリズムを具体化した（**実装**と呼ぶ）プログラムにはどのようなものがあるか，いくつかの例を示す．

① **普通の方法で解く**：アルゴリズム 1 による方法である．総和を求めるため，変数 `total_sum` を用意する．

② **関数にして解く**：①を関数にしただけである．

③ **標準関数 sum() を使って解く**：標準関数 `sum()` を使った，アルゴリズム 3 による方法である．1〜100 までのデータをデータ型 `range` で表現する．

④ **ジェネレータ式を使って解く**：ジェネレータ式は有限であるが，一般のジェネレータは

無限に近い大規模なデータを扱うときに便利である．この実装法は③に近い．ここでは，データをジェネレータ式で表現した．

⑤ **高階関数 reduce を使って解く**：和を求める操作を関数型言語でよく使用される高階関数 reduce に依存する．reduce は，リストのようなシーケンス型のデータに２項演算を畳み込んで計算する高階関数である．また，和の演算をラムダ計算を基礎にした無名関数で定義する．データ表現は③と同じ range である．

⑥ **頭を使って解く**：アルゴリズム２による方法である．結果として公式になったが，問題が複雑であればあるほど，問題をより複雑でない問題に分割し，その分割した問題の解を活用して，本来の問題を解くステップを踏む．

スクリプト **1.3.1**（1から正の整数 N までの総和を求める）

```
1  N = 100
2
3  # ① 普通の方法で解く
4  total_sum = 0
5  for i in range(1, N+1):
6    total_sum += i
7  print(f'① 普通の方法で解く：{total_sum}')
8
9  # ② 関数にして解く
10 def total_sum(n):
11   cum_sum = 0
12   for i in range(1, n+1):
13     cum_sum += i
14   return cum_sum
15 print(f'② 関数にして解く：{total_sum(N)}')
16
17 # ③ 標準関数 sum()を使って解く
18 print(f'③ 標準関数 sum()を使って解く：{sum(range(1, N+1))}')
19
20 #④ ジェネレータ式を使って解く
21 print(f'④ ジェネレータ式を使って解く：{sum(x for x in range(1, N+1))}')
22
23 #⑤ 高階関数 reduce を使って解く
24 from functools import reduce
25 print(f'⑤ reduce を使って解く：{reduce(lambda x,y: x+y, range(1,N+1))}')
26
27 #⑥ 頭を使って解く
28 print(f'⑥ 頭を使って解く：{N*(N+1)/2}')
```

実行結果

```
(1)普通の方法で解く：5050
(2)関数にして解く：5050
(3)標準関数 sum()を使って解く：5050
(4)ジェネレータ式を使って解く：5050
(5)高階関数 reduce を使って解く：5050
(6)頭を使って解く：5050.0
```

1.4 問題解決とアルゴリズムに関する基礎知識

1.4.1 探　索　問　題

探索問題とは，探索空間上に目標とするゴールがあるかどうかを調べる問題である．

定義 1.4.1（探索問題：search problem）　集合 X 上の**データ構造**は，X の要素からなるデータ構造とする．X 上の探索問題は，X 上のデータ構造 A と要素 $x \in X$ が与えられたとき，x が A の要素か否かを調べる問題である．問題によっては，x が A の要素である場合，x が A の中にどのように属しているかの情報を要求する場合もある．

X が全順序集合でデータ構造をリストとすると，通常の**リスト探索問題**になる．また，X を頂点の集合，データ構造をグラフとすると，**グラフ探索問題**になる．

定義 1.4.2（リスト探索問題：list search problem）　リスト探索問題は

$$A = a_1, a_2, \cdots, a_n \tag{1.4.1}$$

のように左から順序よく並んだ列（リスト）に，$x \in X$ があるかどうかを探索する問題である．

【アルゴリズム 1.4.1】（線形探索アルゴリズム）

$$A = a_1, a_2, \cdots, a_n \tag{1.4.2}$$

とすると，$a_i = x$ となる a_i があるかどうかを，$i = 1, 2, \cdots, n$ と左から順番に探索する方法が，**線形探索アルゴリズム**（linear serach algorithm）である．

【アルゴリズム 1.4.2】（二分探索アルゴリズム）

1. A を事前に昇順にソートする．
2. 昇順にそろった A について，A の真ん中の値（A の長さが偶数の場合は前半の最後の値）m と x を比較する．
   A. $m = x$ なら当たり．x が見つかった．
   B. $m < x$ ならば，A の後半部に x があるか否かを探索する．
   C. そうでない（$m \geq x$）ならば，A の前半部に x があるか否かを探索する．

つまり，探索範囲を半分ずつに縮小していく探索法が，**二分探索アルゴリズム**（binary serach algorithm）である．

1.4.2 ソーティング問題

定義 1.4.3（ソーティング：**sorting**）

ソーティングとは，自然数や整数のような**全順序集合**の要素からなるリストや系列 $a_1, a_2, \cdots, a_n$ を，昇順あるいは降順に並べ替えることである．ここで，**昇順**（ascending order）とは

$$a_{i_1} \leq a_{i_2} \leq \cdots \leq a_{i_{n-1}} \leq a_{i_n} \tag{1.4.3}$$

のように順序について小さい要素から大きい要素の順のことであり，**降順**（descending order）とは

$$a_{j_1} \geq a_{j_2} \geq \cdots \geq a_{j_{n-1}} \geq a_{j_n} \tag{1.4.4}$$

のように順序について大きい要素から小さい要素の順のことである．

したがって，順序が定義されない集合や，部分的にしか順序が定義されない半順序集合に対してはソーティングは適用できない．

定義 1.4.4（半順序関係：**partial order relation**）

半順序関係（**順序関係**（order relation），あるいは簡単に**半順序**（partial order），**順序**（order））とは 2 項関係 $\leq$ であり，任意の要素 x, y, z に対して，次の三つの公理を満たす関係である．半順序関係が定義された集合を**半順序集合**（partial order set）と呼ぶ．

（1）**反射律**（law of reflection）　$x \leq x$

（2）**推移律**（law of transition）　$x \leq y$，$y \leq z$ ならば $x \leq z$

（3）**反対称律**（law of anti-symmetry）　$x \leq y$，$y \leq x$ ならば $x = y$

また，半順序関係が**全順序関係**（total order relation）であるとは，任意の要素 x, y について，$x \leq y$，$x \geq y$，あるいは $x = y$ のいずれかが必ず成り立つ関係である．

代表的なソーティングアルゴリズムの例を**表 1.4.1** に示す．

表 1.4.1　ソーティングアルゴリズムと時間計算量

戦　略	$O(n^2)$ のアルゴリズム	$O(n \log(n))$ のアルゴリズム	本　例
線形戦略	選択ソート，バブルソート，挿入ソート	——	例 4.2.1（選択ソート，挿入ソート）
分割統治法	——	マージソート，クイックソート	例 6.2.5（マージソート，クイックソート）

1.4.3 最短経路問題

グラフの**最短経路問題**（shortest path problem）とは，重み付きグラフ（有向，無向を問わない）$G = (V, E)$ が与えられたとき，V の 2 頂点間の最短距離とその経路を求める問題である．頂点の指定によって，次のように分類される．

単一始点最短経路問題：始点 $s \in V$ が与えられ，s から他のすべての頂点への最短距離とその経路を求める問題

全頂点対最短経路問題：V の任意の2頂点間の最短距離とその経路を求める問題

単一頂点対最短経路問題：一組の始点 $s \in V$ と終点 $t \in V$ の最短距離とその経路を求める問題

表 1.4.2 最短経絡問題に対する戦略別アルゴリズム

問題	貪欲アルゴリズム	動的計画法
単一始点最短経路問題	ダイクストラ法	ベルマン-フォード法
全頂点対最短経路問題	——	ワーシャル・フロイド法
単一頂点対最短経路問題	A* アルゴリズム	——

貪欲アルゴリズム，動的計画法ともに，最適化問題などの問題解決を行うためのアルゴリズムの種類である．このなかで，**貪欲アルゴリズム**は，問題解決中その状態で最良の選択を行うアルゴリズムであり，探索問題では最良探索，山登り法などとも似た最適化アルゴリズムである．コイン問題や最短経路問題などにおいては条件設定で最適解を与えるが，一般には必ずしも最適解を与えるとは限らない．**4.3.3 項**の最短経路問題を解くダイクストラ法，**例 5.2.1** のコイン問題のアルゴリズム，**8.4.2 項**のナップザック問題の解法が貪欲アルゴリズムである．一方，**動的計画法**とは，原理的にしらみつぶし法と呼ばれる全探索を基本とし，再帰的記述で問題を分解し，さらにメモ化によって効率化した最強のアルゴリズムである．貪欲法と違い，解は必ず最適解になる．**6.4.2 項**のフィボナッチ関数の効率化法，**8.5.2 項**のコイン問題の解法が動的計画法の例である．

1.4.4 最適化問題

最適化問題（optimization problem）とは，与えられた**制約条件**（constraint）のもとで，ある**目的関数**（objective function）の値を最大あるいは最小にする解を求めることである．この項では，最適化問題とその解法アルゴリズムを議論する．代表的問題解決アルゴリズムとして，しらみつぶし的に調べる全数探索法，貪欲法，動的計画法，線形計画法などがある．本書では，その中でも特に重要な貪欲アルゴリズムと動的計画法を8章で取り上げる．

1.5 計算可能関数

プログラミングにおいて重要な計算可能性という概念について触れる．説明なしに，計算可能性に関する次の定理を紹介する．定理の詳細は，関連書（例えば [Ida91]，[Hankin95]）

を参考にして欲しい．ただ，ここで強調したいのは，再帰的関数定義が記述できるプログラミング言語は **Turing 完全**（Turing complete）と呼ばれ，世の中で計算可能な体系と等価であるということである．

定理 1.5.1（計算可能な関数）　次の六つの関数のクラスはすべて等価である．

- 計算可能な関数：部分帰納的関数のクラス（Church の提唱）
- Turing 機械で計算可能な関数のクラス
- λ 計算で計算可能な関数のクラス：λ 式の集合のクラス
- コンビネータ論理で計算可能な関数のクラス：コンビネータによる式の集合のクラス
- 項書換えシステムで計算可能な関数のクラス：項の対の集合からなるクラス
- 再帰が可能なプログラミング言語で，プログラミング可能な関数のクラス

本章のまとめ

本章では，問題解決とアルゴリズムの視点から「プログラミング」について触れた．

❶ **プログラム**：計算の実行方法を指定する一連の命令列である（**1.2 節**）．

❷ **アルゴリズム**：問題を解くための詳細な手順（**1.3 節**）．

❸ **プログラム**：アルゴリズムをコンピュータ上で実行可能にした具体的表現（**1.3 節**）．

❹ **探索問題**：探索空間上に目標とするゴールがあるかどうかを調べる問題（**1.4 節**）．

❺ **ソーティング**：リストや系列を昇順，あるいは降順に並べ替えること（**1.4 節**）．

❻ グラフの**最短経路問題**：グラフの 2 頂点間の最短距離とその経路を求める問題（**1.4 節**）．

❼ **最適化問題**：**制約条件**のもとある**目的関数**の値を最大あるいは最小にする解を求めること（**1.4 節**）．

❽ 再帰の機能を有するプログラミング言語は，**Turing 完全**であり，計算可能な関数を記述できる（**1.5 節**）．

❾ Python は Turing 完全である（**1.5 節**）．

Python について：Python は，プログラムが他のプログラミング言語より読みやすく，人工知能人気も相まって，最も注目されているプログラミング言語である．本書は，Python の入門書ではない．あくまでも，問題解決を通して関連知識も一緒に習得していこうとする，問題解決型のプログラミングの啓蒙書である．

●理解度の確認●

問 1.1　（プログラミングと関連するトピックス）プログラミングは次のようなテーマやトピックスと密接に関わってくる．機会を見つけ，ぜひ学んでほしい．その一端を知るだけでも，プログラミング理解への一助となり，その底辺が広がる．

　プログラミング理論，プログラミング言語論，計算モデル論，検証理論，ソフトウェア工学，ソフトウェア科学など

2 プログラミング・チュートリアル（制御フロー編）

プログラムは，人間の社会生活に例えれば「何らかの課題解決を行うための自然言語で記述した曖昧さや間違いがない記述」であり，プログラミングは「そのような知的活動」，プログラミング言語は「そのための（人工）言語」である．

母国語以外の言語を習得するためには多くの時間を要する．その道程が長過ぎると途中で挫折し，言語を習得するという本来の目的を成就できずに終わってしまう．プログラミングにおいても状況は似ている．

そこで，本章では，細かい文法やプログラミングの枝葉末節を余り気にせずに，味のある問題を解きながら，一気通貫でプログラミングに慣れることを目的とする．その意味では，本章は制御フロー編のプログラミング・チュートリアル的存在である．ちなみに，4章は，データ構造編のプログラミング・チュートリアルである．

2.1 数とその表現

2.1.1 数と f 文字列

Python の数には，**整数**（integer）−2，0 など，**浮動小数点数**（floating point number）2.14，3.333 など，**複素数**（complex number）2＋3 j，0.33 j などがあり，それぞれの**型**（type）は int，float，complex のように略記される†．数以外の重要なデータとしては，真偽を表す**ブール値**（boolean value）True（真），False（偽）と **null オブジェクト**を表す None がある．ブール値のデータ型は bool である．

ビックバンが起こったのは，今から約 138.2 億年前といわれている．この数を整数で表すと

```
13820000000
```

実行結果

```
13820000000
```

のようにそのまま評価され，当然ながらその結果は変わらない．桁が大きい数は **f 文字列**を使用し，3 桁ごとにカンマ「,」で区切ることによってわかりやすく表示することができる．

スクリプト **2.1.1**

```
f'{13820000000:,}'
```

実行結果

```
'13,820,000,000'
```

Python では，**シングルクォート**「'」あるいは**ダブルクォート**「"」で囲まれた系列を**文字列**（string）と呼ぶ．`'string'`, `"Strings"` がその例である††．また，**スクリプト 2.1.1** のように，**f 接頭辞**（f-prefix）で始まる文字列を **f 文字列**（f-string）と呼ぶ†††．「{ }」で囲まれた箇所は**置換フィールド**（substitution field）と呼ばれ，この箇所に記載された数や文字列，さらには数式などのフィールド全体が，コロン「:」以降の**書式指定文字列**（format string）に応じてフォーマット化され表示される．例えば，「,」は 3 桁ごとのカンマ区切り，「.5f」は小数点以下 6 桁目を四捨五入して 5 桁に丸め，その数を浮動小数点数として表示することを意味する．出力フォーマットはあくまでも文字列なので，直接評価するとクォートが残る．ただ

† **付録 2.** にデータ型一覧の表を掲載した．データ型の詳細については，**4.2 節**で述べる．
†† 文字列の詳細は，**4.2.4 項**を参照されたい．
††† f は format の先頭文字を意味する．

し，次で説明するprint()関数の場合は，関数自身がテキストに変換して出力するので，仕様上クォートは表示されない．f文字列の例を**表2.1.1**に示す[†]．

表2.1.1　f文字の書式指定と例示

分類	書式指定	書式	説明	例	評価結果
整列	右寄せ	_>n	n桁取り右寄せで左側に_を敷き詰めて表示	`f"{'abc':_>8}"`	`'_____abc'`
	中央寄せ	_^n	n桁取り中央寄せで両端に_を敷き詰めて表示	`f"{'abc':_^8}"`	`'__abc___'`
	左寄せ	_<n	n桁取り左寄せで右側に_を敷き詰めて表示	`f"{'abc':_<8}"`	`'abc_____'`
桁区切		,	3桁ごとに桁区切り	`f"{1234567:,}"`	`'1,234,567'`
進数	2進数	b，#b	2進数表示，接頭辞付き2進数表示	`f"{22:b}"`, `f"{22:#b}"`	`'10110'`, `'0b10110'`
	8進数	o，#o	8進数表示，接頭辞付き8進数表示	`f"{378:o}"`, `f"{378:#o}"`	`'572'`, `'0o572'`
	16進数	x，#x	16進数表示，接頭辞付き16進数表示	`f"{3642:x}"`, `f"{3642:#x}"`	`'e3a'`, `'0xe3a'`
桁表示	桁数	n	n桁のスペースで表示	`f"{12.3:5}"`	`' 12.3'`
	丸め	.nf	小数点以下n桁で表示	`f"{12.3456:.3f}"`	`'12.346'`
	指数表記	.ne	小数点以下n桁で指数表示	`f"{12.3456:.3e}"`	`'1.235e+1'`[††]

ただし，表中の整列，桁表示（桁数）で，表示する文字列の長さや数の桁数がnを超えた場合は，文字列や数はそのまま表示される．

2.1.2 print()関数

結果を表示する場合は，**print()関数**を使う．print()関数は，「print(式)」の形式で使用され，「式」が評価され，その結果が文字列に変換され，副作用として**標準出力**（standard output）に出力される．また，print()関数自体の評価結果はNoneで，値を返さない関数である．

2.1.3 指数形式の浮動小数点数表示

スクリプト2.1.2

```
1  print(f'(1) 1.2e4: {1.2e4},  (2) 4.5e-6: {4.5e-6}')
2  print(f'(3a) 13820000000 == 138.2e8: {13820000000 == 138.2e8},  ¥
3  (3b) 1.382e10 == 138.2e8: {1.382e10 == 138.2e8}')
4  print(f'(4) アボガドロ定数：{6.02214076e23:.2e}')
```

† Pythonには，組込み関数format()，または文字列メソッドstr.format()があり，数や文字列をさまざまな書式で表現できる（Pythonのドキュメントを参照されたい）．しかし，これらのほとんどはf文字列で代替できるため，本書ではf文字列のみを使用する．［Slatkin19］の項目4「Cスタイルフォーマット文字列とstr.formatは使わず，f文字列で埋め込む」参照．

†† バージョンによっては，'～+01'になる．

実行結果

```
(1) 1.2e4: 12000.0,  (2) 4.5e-6: 4.5e-06
(3a) 13820000000 == 138.2e8: True,  (3b) 1.382e10 == 138.2e8: True
(4) アボガドロ定数：6.02e+23
```

桁の大きい数を扱う場合，浮動小数点数はとても便利である．本書では，プログラムの動作を Anaconda 社の Jupyter Notebook で確認している．Jupyter Notebook では**スクリプト 2.1.2** のような枠で囲まれた場所を**セル**と呼び，セルの最後の式の評価結果がセル直下の標準出力に出力される．本書では，利用者の便宜を考慮し，プログラムを 1 から順番に付番し，例えば 3 行目のプログラムを参照する場合には，「#3」のように接頭辞として # を付けた行番号で指定する．

【コードの説明】（スクリプト 2.1.2）

（1） 1.2e4 は，1.2×10^4 を表す（#1）．（2） 4.5e-6 は，4.5×10^{-6} を表す（#1）．

（3） 浮動小数点数は，数を表現する際，138.2 億 ＝ 13820000000 ＝ $138.2 \times 10^8 = 1.382 \times 10^{10}$ のように臨機応変に小数点が動くことから，浮動小数点数という名前がきている．このことをコードで調べる．「x == y」は，x と y は同じ値であるか否かを問う**等価比較演算子** == による条件である（#2-#3）．すべて真（True）となった．また，式をカンマ「,」で区切り 1 行に複数記述すると，左から順に実行評価され 1 行に結果を表示してくれる．スペースの節約になる†．#2 のバックスラッシュ（Windows は "¥" マーク，Mac は "\" マーク）は**継続文字**であり，行末に置くとその後の改行が無視されて行が継続しているとみなされる．本例のように長い文字列を記載する場合や，関数の引数の数が多い場合に便利である．

（4） 物質 1 mol を構成する粒子（原子や分子など）の個数を示すアボガドロ定数は，$6.02214076 \times 10^{23}$ である．浮動小数点数で表現すると #4 となる††．

2.1.4 タプル・パッキング＆シーケンス・アンパッキング

Python では

$$(d_1, d_2, \cdots, d_n)$$

のようにデータ d_i を丸括弧「(,)」で囲ったデータを**タプル**（tuple）と呼ぶ†††．これは，各要素を一つに梱包する操作に例え，**タプル・パッキング**（tuple packing）あるいは単に**パッキング**と呼ぶ．パッキングでは丸括弧を省略することができ

$$E_1, E_2, \cdots, E_n$$

† **2.1.4 項**タプル・パッキング参照．
†† 著者の誕生日は，6 月 23 日である．
††† タプルの詳細については，**4.2.5 項**で述べる．

のように記述し，複数の式を評価したいときに便利である．この式は，それぞれが（左から右に順に）実行評価され，その評価結果が $(a_1, a_2, \cdots, a_n)$ と本来のパッキングの括弧 () を伴って返される．

一方，データ data に対し，type(data) はその型を返す†．数やブール値の型は，パッキング機能を使って以下の通りコンパクトに確認できる（**スクリプト 2.1.3**#1-#3）．一方，パックされたデータ t_p を右辺に置き，要素の数分だけの変数 $x_1, x_2, \cdots, x_n$ を左辺においた代入式

$$x_1, x_2, \cdots, x_n = t_p$$

を**アンパキング**（unpacking）と呼ぶ．t_p が開封され，中の要素が順番に変数 x_i に代入される．この機能はタプル固有ではなくシーケンス型のデータ型に共通なため，**シーケンス・アンパッキング**（sequence unpacking）とも呼ばれる††．**スクリプト 2.1.3**#4-#5 にその例を示す．アンパッキング部分にアスタリスク「*」付きの変数を設定すると，長さ 0 以上のシーケンス型のデータとマッチする．#6-#7 にその例を示す．この機能は，関数の可変長引数（**6.2.4 項**）に利用される．なお，[1, 2, 3, 4, 5] は**リスト**と呼ばれるデータ構造（**4.2.3 項**）である．

スクリプト 2.1.3

```
1 print(f'(1a) 21: {type(21)}, (1b) 2.14: {type(2.14)}, ¥
2 (1c) 2+3j: {type(2+3j)}')
3 print(f'(2a) False: {type(False)}, (2b) None: {type(None)}')
4 p, a, c, k, i, n, g = 'packing'
5 print(f'(3) p={p}, a={a}, c={c}, k={k}, i={i}, n={n}, g={g}')
6 head, *tail = [1, 2, 3, 4, 5]
7 print(f'(4) head = {head}, tail = {tail}')
```

実行結果

```
(1a) 21: <class 'int'>, (1b) 2.14: <class 'float'>,
(1c) 2+3j: <class 'complex'>
(2a) False: <class 'bool'>, (2b) None: <class 'NoneType'>
(3) p=p, a=a, c=c, k=k, i=i, n=n, g=g
(4) head = 1, tail = [2, 3, 4, 5]
```

2.2 算術演算と式の計算

2.2.1 算 術 演 算

足し算（**加算**：+），引き算（**減算**：-），掛け算（**乗算**：*），割り算（**除算**：/）は，引数(ひきすう)と

† type()はデータ型を返す組込み関数である．
†† シーケンス型の詳細については，**4.2 節**を参照されたい

表 2.2.1　算術演算の例とその型

演算子	意　味	例	計算結果	結果の型
+	加　算	5 + 8, 2.5 + 3, (2 + 3j) + (1 − 5j)	13, 5.5, 3 − 2j	int, float, complex
−	減　算	9 − 5, 6 − 2.5, (2 + 3j) − (1 − 5j)	4, 3.5, 1 + 8j	int, float, complex
*	乗　算	7*3, 1.0*2, (1 + 2j)*(1 − 2j)	21, 2.9, 5 + 0j	int, float, complex
/	除　算	8/4, 9/2, (1 + 3j)/(1-3j)	2.0, 4.5, −0.8 + 0.6j	float, float, complex
**	べき乗	2**4, 2**0.5, (2 + 3j)**2	16, 1.14, −5 + 12j	int, float, complex
%	剰余算	8%3, −7%2, 5%2.2	2, 1, 0.6	int, int, float
//	商演算	9//2, −9//2, 5//2.2	4, −5, 2.0	int, int, float

して整数，浮動小数点数，複素数を取る．ただし，0で割ることはできない．演算式 $x \circ y$ について，x，y は**引数**（parameter あるいは argument），◦は**演算子**（operator）と呼ぶ．引数を2つ取る演算子を**二項演算子**（binary operator），3つ取る演算子を**三項演算子**（ternary operator）と呼ぶ．+ から//までは，二項演算子である．三項演算子として，式 if 条件 else 条件，という構文による演算子がある†．

演算子の優先順位は

+, − ＜ *, /, //, % ＜ **

であり，右側のほうが優先順位が高い．

【例 2.2.1】（化学分野のモル計算）　次の（1），（2）は化学分野のモル計算の例である．

（1）　3.0×10^{24} 個の水素は何 g か．

3.0×10^{24} (個) ÷ (6.0×10^{23} (個/mol)) × 2 (g/個) = 10 (g)

（2）　標準状態で 8.96 l の水素分子は何個か．

8.96 (l) ÷ (22.4 (l/mol)) × 6.0×10^{23} (個/mol) = 2.4×10^{23} (個)

```
1 print(f'(1) の答え：{3.0e24/6.0e23 * 2} g', end='    ')
2 print(f'(2) の答え：{8.96/22.4 * 6.0e23:.1e} 個')
```

実行結果

```
(1)の答え：10.0 g   (2)の答え：2.4e+23 個
```

上記スクリプトの end='　' は print 関数の**キーワード引数**（**6.2.2 項**）であり，出力文字列の末尾の文字列を指定するオプションの役割を果たす（デフォルトは '\n' の改行）．本例では，（1），（2）の結果を1行に表示するために使っている．end の値を適切に指定することで，次のようなことができるようになる．

- 複数の文字列の出力を改行なしで行う
- 連結する複数の文字列の間の空白を消す
- 連結する複数の文字列の間に新たな文字列を挿入する

† 演算子記号，意味については，**付録 1.** に，また，例，計算結果，結果の型については**表 2.2.1** に示す．

談　話　室

Jupyter Notebook のセル

上記スクリプトのボックスはセル（cell）と呼ばれ，Python のプログラムを記入するのであった．数式はそのままでプログラムであり，結果は評価され，そのセル直下の Out [数字]：のあとに出力される．Out に出力されるのは，最後の式の結果だけである．セルの左の In [数字]：は入力に相当するプログラムを表し，数字は現在の実行履歴での順番を表す．Anaconda，Jupyter Notebook を立ち上げ，プログラムを開くたびにこの履歴はリセットされ，1 から順番に付番される．

2.2.2 式の計算

【例 2.2.2】（地球の重さを量る）　地球の質量を M（kg）とすると，質量 m（kg）の物体との間には万有引力

$$F = \frac{GmM}{r^2} \quad (\mathrm{N：ニュートン}) \tag{2.2.1}$$

が働く．この力は，物体に働く重力 mg に等しい．ここで，$g = 9.8$（m/s^2）である．したがって

$$\frac{GmM}{r^2} = mg \tag{2.2.2}$$

より

$$M = \frac{gr^2}{G} \tag{2.2.3}$$

となる．ここで，万有引力定数として，$G = 6.67 \times 10^{-11}$ という値が知られ，物体と地球の中心との平均距離を $r = 6.371 \times 10^6$（m）とすると，M は以下となる．

```
1 g, G, r = 9.8, 6.67e-11, 6.371e6
2 M = g * r**2 / G
3 print(f' the weight of the Earth: {M:.3e} kg')
```

実行結果

```
the weight of the Earth: 5.964e+24 kg
```

2.2.3 フェルマーの小定理

素数に関する重要な定理として，フェルマーの小定理がある．これは非常にきれいな定理である．

定理 2.2.1（フェルマーの小定理）（**Fermat's little theorem**）[MSJ07]　p を素数とすると，p の倍数でない任意の自然数 n について，次式が成り立つ．ここで，$a = b \pmod p$ は**合同式**と呼ばれ，a と b は p で割ったときの余りが等しいことを意味する．$a = b \pmod p$

を $a \equiv b \pmod{p}$ と書くこともある.

$$n^{p-1} = 1 \pmod{p} \tag{2.2.4}$$

【例 2.2.3】（フェルマーの小定理の確認）　式の計算の演習として，このフェルマーの小定理を確かめる.

（1）p が素数の場合，**スクリプト 2.2.1**#1-#3 と，確かに，フェルマーの小定理の通りであることが確認できた†. 小定理は素数に関する必要条件を述べた定理であり，p が素数であれば，p の倍数でない任意の自然数 n について

$n^{p-1} = 1 \pmod{p}$

は必ず成り立つ. しかし

（2）n が p の約数の場合は成り立たない（#4-#5）.

（3）それでは，p が素数でない場合は，どうなるか？　p が素数でない場合にも，#6-#7 と，きれいなフェルマーの小定理の式は成り立たない.

スクリプト 2.2.1

```
1 p, n1, n2 = 109, 77, 131 # p が素数の場合
2 print(f'(1) p = {p} が素数の場合：77**(109-1)%109: {n1**(p-1)%p}, ¥
3 131**(109-1)%109: {n2**(p-1)%p}')
4 p, n = 7, 133 # n が p の約数の場合
5 print(f'(2) n = {n} が p = {p} の約数の場合：133**(7-1)%7: {n**(p-1)%p}')
6 p, n = 8, 7 # p が素数でない場合：
7 print(f'(3) p = {p} が素数でない場合：7**(8-1)%8: {n**(p-1)%p}')
```

実行結果

```
(1) p = 109 が素数の場合: 77**(109-1)%109: 1, 131**(109-1)%109: 1
(2) n = 133 が p = 7 の約数の場合: 133**(7-1)%7: 0
(3) p = 8 が素数でない場合: 7**(8-1)%8: 7
```

【例 2.2.4】（フェルマーの小定理の応用）［初音ミク：3^{100} を 19 で割った余りは？］　初音ミクが歌うボカロ曲の中に,「3^{100} を 19 で割ったあまりは？」というタイトルの曲がある. この問題を解いてみる††.

素直に Python で計算：素直に 3^{100} を求め，19 で割った余りを求める. 二通りの式で求めた. $3^{100} \equiv 16 \pmod{19}$ であった. ここで，pow は $pow(a, n, b) = a^n \% b$ で定義される標準関数である. また，$n\%b$ の % は，Python 同様 n を b で割ったときの余りを求める演算子とする.

```
print(f'(1) 3**100%19: {3**100%19}, (2)pow(3, 100, 19): {pow(3, 100, 19)}')
```

実行結果

```
(1) 3**100%19: 16, (2) pow(3, 100, 19):  16
```

---

† 小定理が成り立つのは，当たり前である. ［MSJ07］などで証明されている.

†† ボカロとはボーカロイド（vocaloid）の省略で，リアルな声をデータにして機械に歌わせるソフトウェアのことである. 歌わせる機械の音には男性女性や声色もさまざまなソフトウェアがあり，それらを総称してボーカロイドという. ボーカロイドの有名なキャラクターには,「初音ミク」などが含まれる.

フェルマーの小定理を応用して解く：一方，この途方もなく大きい数 3^{100} の計算を回避して，曲のタイトルの問題を解きたい．指数法則より，$3^{100} = 3^{90+10} = (3^{18})^5 \cdot 3^{10}$ であり，19 は素数であるからフェルマーの小定理より，$3^{18} \equiv 1 \pmod{19}$ が成り立つ．以上から，$3^{100} \equiv 3^{10} \pmod{19}$．最後は地道な計算により†，$3^{10} \equiv 16 \pmod{19}$．したがって，$3^{100} \equiv 16 \pmod{19}$ を導くことができた．

2.3 変数・代入・平方根

変数（variable）は，オブジェクトを名前に関連付ける方法を提供する．Python では，変数は単なる**名前**（name）である．**代入文**（assignment statement）は次の形をし，右辺の式 E を変数 x に関連づける．つまり，E を実行評価し，その値であるオブジェクトを x に代入する．等号記号（=）を使っているが，$x = E$ は両方向の「等しいという関係」ではなく，右から左への一方通行の関係である．

$$x = E$$

一方，変数，式を複数にした代入文を**多重代入文**（multiple assignment）呼び，次の形を取る．

$$x_1, x_2, \cdots, x_n = E_1, E_2, \cdots, E_n$$

ここで，x_i は変数，E_i は式である．E_i を x_i に同時に代入することを意味する．多重代入文は，タプルパッキング・シーケンスアンパッキングの一例とみなすことができる．

一般に，**文**（statement）とは単一の論理行内に収められる言い切りの宣言である．代入文も文の一つである．文のことを英語をそのままカタカナにし，**ステートメント**と呼ぶこともある．Python では，変数名に大文字，小文字，数字，および特殊文字_を含めることができる．ただし，数字からはじまる変数は定義できない．変数名として，大文字と小文字が区別され，特別な意味で使われる**予約語**（**キーワード**と呼ばれることもある）を変数名として使うことはできない．予約語は，keyword モジュールの kwlist によって一覧を取得できる．また，予約語かどうかは関数 iskeyword() によって確認できる．

談　話　室

コメントを追加する

Python は，インデントを使ってブロックを表現することによってコードの可読性を高めたプ

† オイラーの基準を使用することにより，スマートに計算することができる．ただ，基準の式にはルジャンドル記号が出現し，理解性の難度を上げる［MSJ07］．

ログラミング言語である．プログラムの可読性を高めるもう一つの良い方法は，**コメント**（comment）を追加することである．♯記号は，その直後からその行の終わりまでPythonによって解釈されないことを示す．したがって，♯の後のテキストをコメントして使うことができる．

変数と代入文の演習として，正の数の平方根を代入文だけで求める方法を紹介する．

【例 2.3.1】（平方根を漸近的に求める）

【問　題】

正の数 $a > 0$ の平方根 $\sqrt{a}$ をある精度で求めよ．

（1）　**a の設定**（a：その平方根を求めたい数）　　変数aにその平方根を求めたい数を設定する．本例では，正解か否かがすぐ判断できるように $\sqrt{25}$，つまり $a = 25$ の場合を考える（**スクリプト 2.3.1**#1）．本例は，二次方程式 $x^2 = a$ の正の解を簡単な代入文で求める問題でもある．

スクリプト 2.3.1

```
1  a = 25
2  g = 25
```

（2）　**平方根候補の初期値設定**（g：a の平方根候補の初期値）　　a の平方根候補になり得る初期値を設定する．変数aにはその平方根を求めたい数25が代入され，g（guess）にはaの平方根候補の初期値25が代入されている（**スクリプト 2.3.1**#2）．gは0でなければ，どんな数でもよい†．$25^2 = 625 \neq 25$（等式）なので，g = 25（等式）は平方根である5にはほど遠い††．

（3）　**a の平方根を近似**　　g_n を a の平方根の第 n 次近似（$g_0 = 25$）とすると，第 $n+1$ 次近似は次式で与えられる．

$$g_{n+1} = \frac{g_n + a/g_n}{2} \tag{2.3.1}$$

つまり，第 n 次の近似値 g_n と g_n による a の平方根表現 a/g_n（a を a の平方根の近似値 g_n で割れば，その結果は a の平方根の近似となる：$a/g_n \sim \sqrt{a}$）との相加平均を第 $n+1$ 次の近似値 g_{n+1} とする代入文である．**スクリプト 2.3.2** の代入文は，a の平方根を近似的に求めるための漸化式であり，式（2.3.1）に相当する．このスクリプトを何回か実行すると，$a = 25$ の平方根である $g = 5.0$ が得られた．この例では，7回目で誤差 10^{-15} 未満の近似で平方根が得られた．

スクリプト 2.3.2

```
1  g = (g + a/g)/2
2  g
```

実行結果

```
5.0
```

漸化式の仕組み　　次に，漸化式の仕組みを考える．$a > 0$ が与えられたとき，問題は

---

† 負の数であれば，二次方程式 $x^2 = a$ の負の解を求める．

†† スクリプト以外では，例えば $g = y$ は等式であり，代入文ではない．混乱しそうな場合は，$g = 25$（等式）のようにどちらの意味かを明示する．

$g^2 = a$（等式）なる $g > 0$ を求めることである．$g > 0$ なので，両辺を g で割ると，$g = a/g$（等式）を得る．この式の両辺に g を加えると，$2g = g + a/g$（等式）を得る．等式を右辺から左辺への代入文と一方向に制限し，何ステップ目の値であるかを明示するためにインデックスを付記すると，$g_{n+1} = \frac{1}{2}(g_n + a/g_n)$ という代入文を得る．つまり，**スクリプト 2.3.2** で表された代入文は，a の平方根の定義式 $g^2 = a$ から導出された漸化式であった．

平方根を得るのに**スクリプト 2.3.2** を繰り返し実行したが，ほとんどのプログラミング言語には，「繰返し」を行う機能がある．この処理については，**2.6 節**で述べる．

2.4 関 数 定 義†

2.4.1 def 文による無名関数定義

値を名前に関連付けできるように，関数定義によりロジックを名前（関数名）に関連付けることができる．

【例 2.4.1】多項式の関数定義　関数を定義するとき，左辺に関数名と引数 $f(x)$ を，= をはさんで右辺に定義式本体を書いた．例えば，多項式 $x^2 + x + 41$ の値を計算する関数は

$$f(x) = x^2 + x + 41$$

となる．この関数を Python の**関数**（function）を使って定義すると**スクリプト 2.4.1**#1-#2 のようになる．`f` は**関数名**，`x` は**仮引数**（formal parameter）と呼ばれ，`x` の値に応じて `return` 以降の式の評価値を返す．つまり，関数定義の左辺 $f(x)$ が「def f(x):」に，右辺の $x^2 + x + 41$ がインデント後の「return x**2 + x + 41」に対応する．関数本体は，インデントされている．**インデンテーション**（indentation）は，プログラム文をグループ化する Python 固有の方法である．$f(5)$ を求める場合は，x を実際の値 5（**実引数**（actural parameter）と呼ばれる）で置き換えた式 f(5) を評価することで，求めることができる（#6）．関数については，**3.1.2 項**で関数の図的表現を，さらに第 6 章では一章分を割いて関数を詳細に展開する．

なお，**スクリプト 2.4.1** には，__name__ == '__main__' という条件が突如現れた．__name__という特殊変数には，直前に実行されたモジュール名が自動的に代入される．モジュール（module）をインポートした場合はモジュール内のスコープではそのモジュール名 'module' が，それ以外の場合はメインのモジュールを表す '__main__' が代入される．した

† この早い段階の節で，少し高度な概念の関数定義について敢えて触れる．その理由は，抽象化手法である関数定義を身につけたほうが，そのほかの理解がより早く得られるからである．

がって，__name__ == '__main__' はセル内のスクリプトなど直接実行された場合には True となるが，インポートモジュール内では False となる．**スクリプト 2.4.1** のように，セル内に関数定義とメインプログラムが同居する場合，本書ではメインプログラムの始まりを示すために本条件文を使用したりする．この表現は少し仰々しいので，その始まりの箇所に #main と書いたり，メインプログラムの始まりが明らかな場合は，省略する場合もある．また，関数名を参照する場合，f のように関数名だけであったり，f()のように括弧（）付きで引数なし，さらには f(x)のように仮引数もすべて明示して参照する場合もある．これらは，すべて同じ関数を表すものとする．

スクリプト 2.4.1

```
1  def f(x):
2      return x**2 + x + 41
3
4  # main
5  if __name__ == '__main__':
6      print(f(5))
```

実行結果

```
71
```

［コードの説明］（スクリプト 2.4.1）　**def** は関数を定義するために使う特別なキーワードである．def 以降のすべての行が同じ文字数だけ（PEP8 では半角の空白 4 文字）インデントされ，そのブロック全体が関数定義となる．f は関数の名前である．x は関数の引数である．return 以降が関数本体である（この例では，1 行だけ）．**return** はキーワードであり，制御がこの行にくると return 以降文末までの式が評価され，それらが関数の結果となる．関数を呼び出す場合は，f(13)のように具体的な引数を与えて関数を実行する．

【例 2.4.2】（摂氏と華氏）　温度の単位に摂氏と華氏があり，温度の国際単位系である

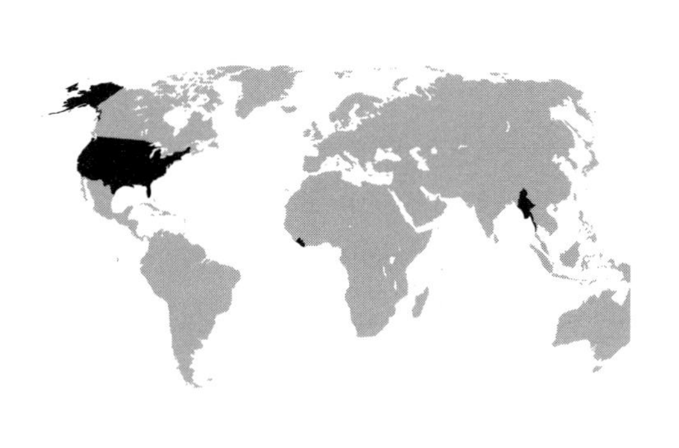

（a） 世界の華氏採用国(黒色の地域)

摂氏の「摂」は人名の頭文字である．**摂氏温度**は，1742 年にスウェーデンの天文学者アンデルス・セルシウスが考案したもので，**セルシウス度**と呼ばれている．日本では，セルシウスの中国音訳から「**摂氏**」となった．一方，華氏温度は，1724 年にドイツの物理学者ファーレンハイトが考案し，日本ではファーレンハイトの中国音訳から「**華氏**」となった

（注：高田誠二，“温度概念と温度計の歴史”，日本熱測定学会，Vol.32，No.4，pp.162-168，2005）．

（b） 華氏と摂氏

図 2.4.1　世界で華氏を採用している国々

「ケルビン（K)」と大きさが等しいことから国際的に華氏から摂氏への移行が完了した（1960年代）．しかし，いまだに華氏の温度を使っているのが，アメリカ合衆国，パラオ，バハマ，ベリーズ，ケイマン諸島である．アメリカ合衆国では，「人間の平熱が98.6度」，「100度以上になると治療が必要」とか，「今日の最高気温は，105度など」日本に居を構えている著者には，直感的には理解しがたいモノがある．そこで，華氏から摂氏への変換アルゴリズムをプログラム化する†．

スクリプト2.4.2

```
1  def f2c(deg):
2      return (deg - 32)*5/9
3
4  # main
5  print(f'(1) 32° F = {f2c(32)}° C, (2)98.6° F = {f2c(98.6)}° C, ¥
6  (3)100° F = {f2c(100):.2f}° C, (4)105° F = {f2c(105):.2f}° C')
```

実行結果

```
(1) 32° F = 0.0° C, (2) 98.6° F = 37.0° C, (3) 100° F = 37.78° C,
(4) 105° F = 40.56° C
```

2.4.2 ラムダ式による無名関数定義

Pythonではdef文で関数を定義するが，キーワードlambda（ラムダ）で名前を持たない**無名関数**（anonymous function）を作成することができる．lambdaによる無名関数を**ラムダ式**（lambda expression）とも呼ぶ．def文による関数定義と対応するラムダ式での無名関数の対応関係を**図2.4.2**に示す．便宜上，ラムダ式に名前を割り当てている（ラムダ式を変数に代入している）が，PythonのコーディングであるPEP8では非推奨となっている††．

```
def fun_name(var1, var2, …):
    return expression
```

（a） defによる関数定義

```
fun_name = lambda var1, var2, …: expression
```

（b） lambdaによる関数定義

図2.4.2　ラムダ式による関数定義

ここで，*fun_name*は関数名，*var*1，*var*2，…は引数，*expression*は式である．つまり，lambdaによる無名関数は**λ計算**のλ**抽象**による関数式を表し，この関数の適用はλ計算の**β規則**に則り，*var*1，*var*2，…が式*expression*の中で対応する実引数に置換される［Hankin95］]．関数定義，無名関数定義の構文を示した際，defやreturnなどの固有のキーワード

† 「メートル・グラム法」は18世紀末のフランスにおいて，世界で共通に使える統一された単位制度として制定された．にもかかわらず変更できてない国があり，その代表が「アメリカ合衆国」である．他は「ミャンマー」と「リベリア」だけである．

†† 「ラムダ式は呼び出し可能なオブジェクトを引数で渡すときなどに名前を付けずに使うためのもので，名前を付けて関数を定義する場合はdefを使うべき」というのがPEP8の考え方である（PEP8参照）．

は立体で，また関数名や仮引数などの自由に変更できる名前などはイタリックにして表現した．**BNF**（Backus Naur Form）では，前者を**終端記号**，後者を**非終端記号**と呼ぶ．日本語を非終端記号とすると，図 **2.4.2** の定義式は，次のように記述できる．

（a） def 関数名(仮引数 1，仮引数 2，…)：return 式

（b） 関数名 = lambda 変数 1，変数 2，…：式

【例 2.4.3】（ラムダ式による関数定義）　ラムダ式を用いて，**例 2.4.1** の関数 f，**例 2.4.2** の関数 f2c を再記述，再実行してみる．

スクリプト 2.4.3

```
1  # 例2.4.1の関数f
2  f = lambda x: x**2 + x + 41
3
4  # 例2.4.2の関数f
5  f2c = lambda deg: (deg - 32)*5/9
6
7  # main
8  print(f'(1) f(5)={f(5)}, (2a) f2c(0)={f2c(0):.1f},
9  (2b) f2c(100)={f2c(100):.1f}')
```

実行結果

```
(1) f(5)=71, (2a) f2c(0)=-17.8, (2b) f2c(100)=37.8
```

2.5 条件分岐

前節までのプログラムは，表示される順番で命令文を実行する**逐次型プログラム**（sequential program）あるいは**直線型プログラム**（straightline program）と呼ばれるものであった．このようなプログラムの制御フローは直線的であり，現れた順にステートメントを次々に実行し，実行すべきステートメントがなくなるとプログラムは停止する．本節で紹介する条件分岐は，その名の通り条件によってプログラムに分岐的実行を行わせる制御構造である．

2.5.1 条件分岐とは

最も単純な分岐は，単一条件による分岐である．図 **2.5.1**（a）にそのフローチャート，図（b）にステートメントの形式を示した．図 **2.5.1** に示すように，**条件分岐**（conditional branch）には次の三つの部分がある．

- **条件式**（conditional expression）：True（真）または False（偽）のいずれかに評価される式である．

- then_ブロック：条件式が True と評価された場合に，実行されるコードブロック．
- else_ブロック：条件式が False と評価された場合に，実行されるオプションのコードブロック．

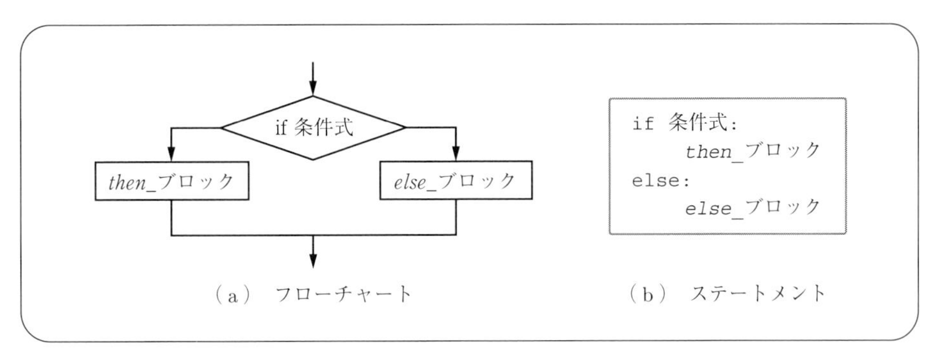

図 **2.5.1** 条件分岐のフローチャートとステートメント

2.5.2 うるう年

【例 2.5.1】（うるう年） 1 年は 365 日であるが，地球が太陽を 1 周するのに実際には 365.2422… 日かかる．この差を補正するために 4 年に一度「うるう年」にし 1 日加えるが，それでは加え過ぎとなり少しずつズレが生じる．ズレは，400 年に約 ＋3 日になる．このズレを調整するために，「4 で割り切れる年をうるう年とする」だけでなく，「400 で割り切れない 100 の倍数年を平年としている」．その結果，ズレは非常に小さくなり，1 万年で 3 日ほどになる．この方式は 1582 年にグレゴリオ 13 世が制定した暦によるもので，これを**グレゴリオ暦**と呼び，現在，世界のほとんどの国で使われている．（一般社団法人 日本時計協会（https://www.jcwa.or.jp/）より一部改訂）

【問 題】

「西暦年から，その年はうるう年かどうかを判定する」プログラムを書け．

［解法］「うるう年（閏年）の条件」が解法である．

［アルゴリズム］ n：西暦での年

1. n が 400 で割り切れれば，うるう年である．
2. n が 400 で割り切れず，100 で割り切れれば，平年である．
3. n が 400 でも 100 でも割り切れず，4 で割り切れれば，うるう年である．
4. n がそれ以外の場合は，平年である．

このアルゴリズムに従い，プログラムとして実装すると**スクリプト 2.5.1** となる．同プログラムでは，複数の条件式を使った条件分岐（if...elif...else）構文を使っている．「elif 条件 k:」で「条件 k」の真偽がチェックされ，成り立てば「条件 k」の場合の「ブロック文 k」が実行され，成り立たなければ「条件(k+1)」に対して同様の処理が行われる．なお，elif は C や Java 言語での「else if」に相当する．（参考として，JavaScript は else if を使用し，php は elseif を使用し，Perl は elsif を使用．）

スクリプト 2.5.1

```
1  def leap_year(n):  #is n a leap year?
2      if n%400 == 0:
3          return True
4      elif n%100 == 0:
5          return False
6      elif n%4 == 0:
7          return True
8      else:
9          return False
10
11 # main
12 print(f'(1) 2019?: {leap_year(2019)}, (2) 2100?: {leap_year(2100)}, ¥
13 (3)2000?: {leap_year(2000)}')
```

実行結果

```
(1) 2019?: False, (2) 2100?: False, (3) 2000?: True
```

実は，Python には calendar という標準モジュールがあり，関数 isleap(西暦年）が「西暦年」がうるう年か否かによって True, False を返す．

2.5.3 偽造硬貨・天秤問題

偽造硬貨・天秤問題（fake coins and balance problem）とは，正しい硬貨の中に混ざった 1 枚の重さが異なる偽造硬貨を，分銅のない天秤を使って見つける問題である［Levitin11］.

【基本原理 2.5.1】（最大の識別個数）　1 回の操作で k 個を区別できる識別機能があるとする．この機能を n 回連続して使用すると，最大 k^n 個を区別することができる．

数え上げ理論の簡単なケースである．

【例題 2.5.2】（偽造硬貨・天秤問題）　分銅のない天秤を 1 回使って，二つの物体の重さを，等しい場合も含めてその軽重 3 通りの場合を決定できる．天秤を n 回使えば，軽重を識別できる最大の個数は 3^n である．

【問 1】　外見からは区別できない 8 枚の硬貨がある．このうち 1 枚は偽造硬貨で本物よりも少し軽いことがわかっている．おもりなしの天秤を使って偽造硬貨を見つけだしたい．その方法とは？（**例 2.5.4** 参照．）

（問 1 の解）　8 枚の硬貨の軽重を比較するので，$8 \leq 3^n$ を満たす最小の n が天秤の使用回数となる．したがって，$n = 2$．つまり，天秤を 2 回使って偽硬貨を見つけることができる．この論法でいけば，240 枚中に紛れ込んだ 1 枚の軽い偽造硬貨を見つけるためには，$240 \leq 3^5 = 243$ より，5 回で検出できる．

【問 2】　外見からは区別できない 8 枚の硬貨がある．このうち 1 枚は偽造硬貨で，本物よりも重いか軽いかは解らない．おもりなしの天秤を使って偽造硬貨を見つけだし，同時に本物よりも重いか軽いかを見極めたい．その方法とは？（例 **5.1.1** 参照.）

（問 2 の解）　軽重不明な 1 枚の偽造硬貨を 8 枚の中から見つける場合，偽造硬貨が軽い場合と重い場合の 2 通りある．硬貨は全部で 8 枚あるから，区別しなければならない場合の数は，$2 \times 8 = 16$ となる．$16 \leq 3^n$ を満たす最小の n を求めると，天秤を 3 回使って 8 枚の中から偽造硬貨を見つけだし，その軽重を決定することができる．

問 1，問 2 の具体的なアルゴリズムとその実装であるプログラムは，それぞれ例 **2.5.4**，例 **5.1.1** で扱う．

【例 2.5.3】（互いに重さの異なる 3 個の石の重さの比較）　互いに重さの異なる 3 個の石の重さを比較する．3 個の石の重さを x，y，z とする．重さの比較は分銅のない天秤であり，比較演算子 $<$（つまり，重いか軽いかの 2 択）だけとする．次の問に答えよ．

【問 1】　重さの軽い石から重い石の順に，石を並び替える．全てのケースを考慮した場合の並べ替えに必要な全体の比較回数の総数を求めよ．更に，具体的な 3 個の石が与えられたときに，石を重さの昇順に並べ替えるのに要する天秤の使用回数は最大何回か．

【問 2】　問 1 の後半の問題を解く具体的なプログラムを書け．

【問 3】　互いに重さの異なる 4 個の石を重さの昇順に並べ替える場合，比較回数の総数はいくつか．さらに，具体的な 4 個の石が与えられたときに，石を重さの昇順に並べ替えるのに要する天秤の使用回数は最大何回か？

【問 4】　一般に，互いに重さの異なる n 個の石を重さの昇順に並べ替える場合，比較回数の総数はいくつか．さらに，具体的な n 個の石が与えられたときに，石を重さの昇順に並べ替えるのに要する天秤の使用回数は最大何回か？

（問 1 の解答例）　3 個の石の重さの軽重の場合の数については，全体で ${}_3P_3 = 3! = 6$ 通りある．1 回の比較で不確定であった軽重に関する情報を 1 つ得る．したがって，5 回の比較ですべて確定する．よって，全体の比較回数の総数は 5 である．また，具体的な 3 個の石が与えられたとき，石の並びの可能性は 6 通りであった．基本原理 2.5.1 より，$6 \leq 2^n$ を満たす最小の $n = 3$ を得る．つま

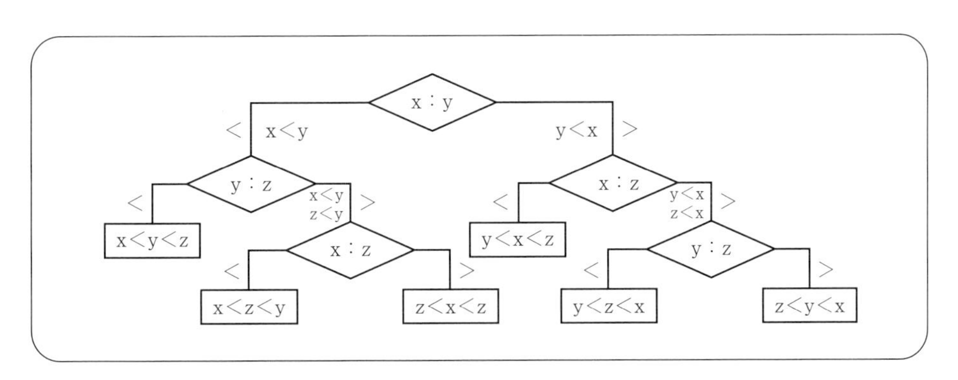

図 2.5.2　3 個の石の重さを比較する決定木

り，3 回の比較で重さの比較が完了する．

（問 2 の解答例）　x，y，z の 3 個の石の重さを受け取ったとき，重さを比較する決定木を**図 2.5.2** に示す．また，その実装は読者への演習課題としたい．

（問 3 の解答例）　比較回数の総数は $4!-1$．また，$4! \leq 2^n$ を満たす最小の n の値は $n=5$ となり，5 回の比較で昇順に並べ替えることができる．

（問 4 の解答例）　比較回数の総数は $n!-1$．$n! \leq 2^n$ を満たす最小の n の値は $\lceil \log_2 n! \rceil$ となり，この回数の比較で昇順に並べ替えることができる．

【例 2.5.4】（8 枚の中の 1 枚の偽造硬貨，A fake among eight coins）

【問　題】

外見からは区別できない 8 枚の硬貨がある．このうち 1 枚は偽造硬貨で本物よりも少し軽いことがわかっている．おもりなしの天秤を 2 回使って偽造硬貨を見つけ出したい．その方法とは？

［解法］

1. 硬貨を A，B，…，H とする．この 8 枚の中に偽造硬貨があるので，偽造硬貨の可能性は A，B，…，H の 8 通りある．この 8 つの可能性を区別しなければならない．
2. 識別に使える道具は天秤で，左が重い，軽い，左右が同じ重さの 3 種類の比較ができる．
3. **基本原理 2.5.1** より，8 通りの可能性を 3 通りを区別できる手段で識別する．その手段の適用回数は，$8 \leq 3^n$ を満たす最小の数 n より，$n=2$ を得る．
4. 解法のアルゴリズムを**図 2.5.3** に決定木として示す．決定木に付随したラベルについては，［Levitin11］を参考にした．フローチャートの内部ノードは計量を示し，計量される硬貨が「：」の両側に列記される．例えば，根は最初の計量に相当し，A，B，C の硬貨と D，E，F の硬貨がそれぞれ天秤の左右の皿に乗せられている状態である．ノードの子への辺には，計量の結果が示されている．「<」は左の皿が軽いことを，「>」は右の皿が軽いことを，「＝」は左右の重さが等しいことを表す．フローチャートの外のラベルは，硬貨の可能性を表す．“＝”は，すべての硬貨が軽くはなく真の硬貨であること表す．また，例えば A-は，A が偽造硬貨で軽いことを示す．A-B-C-は論理和による命題を表し，その意味は（A が偽造硬貨で軽い）or（B が偽造硬貨で軽い）or（C が偽造硬貨で軽い）である．したがって，最初はすべての硬貨が正しいか，あるいは 8 枚のうち 1 枚が軽く，偽造硬貨である可能性を示す．また，葉は最終的な結論を表す．

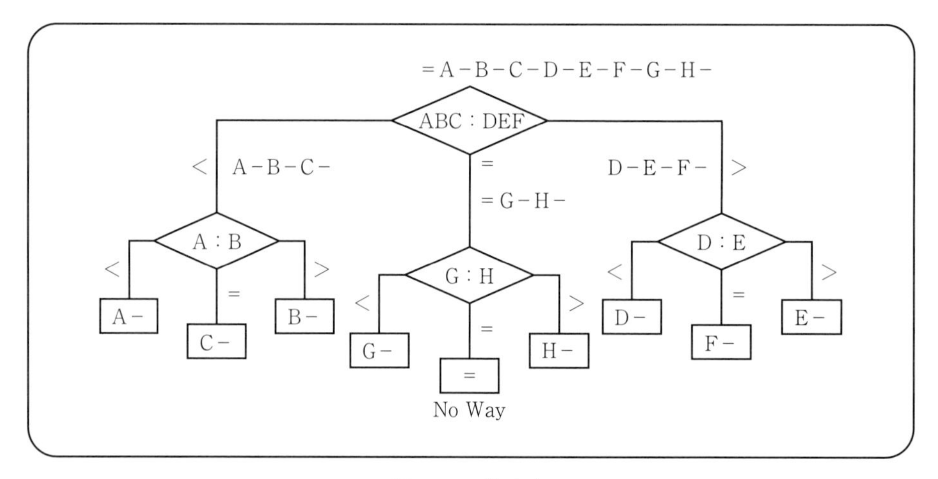

図 2.5.3　決定木

［プログラム］決定木をプログラムにする.

8 枚の硬貨の初期設定

スクリプト **2.5.2**

```
1  import numpy as np
2
3  def make_coins():
4     keys = list('ABCDEFGH')
5     fake = np.random.choice(keys)
6
7     coins = {}
8     for k in keys:
9         if k == fake:
10            coins[k] = 0.98
11        else:
12            coins[k] = 1.0
13    return coins
```

【コードの説明】（スクリプト 2.5.2） numpy は行列や乱数，統計関数に関するサードパーティのパッケージであり，慣習的に np と別名を設定している（#1）．関数 make_coins() が，軽い偽造硬貨 1 枚を含む 8 枚の硬貨の設定関数である．硬貨を 'A' から 'H' の英大文字で表す．keys = list('ABCDEFGH') は，文字列 'ABCDEFGH' から貨幣のラベル 'A'，…，'H' のリストを作成する巧妙なコードである．#5 で，リストから一つの要素をランダムに選択する関数 np.random.choice() を使って，#4 で設定した硬貨のリストから，偽造硬貨を一つ選んでいる．#8 からはじまる for 文で硬貨の重さを辞書として設定している．coins は辞書で，例えば，coins['C'] = 0.98 は硬貨 'C' は重さが 0.98 で正しい硬貨より少し軽い偽造硬貨であることを示す．for 文については **2.6** 節で，データ構造の辞書については **4.2.7** 項で詳述する．#13 により，初期設定された硬貨が辞書として出力される．

8 枚の硬貨の中から軽い偽造硬貨を探し出すプログラム

スクリプト **2.5.3**

```
1  def search_fake(coins):
2     def sum_total(lst):
3         return sum([coins[a] for a in lst])
4
5     (A, B, C, D, E, F, G, H) = coins.keys()
6
7     if sum_total([A, B, C]) < sum_total([D, E, F]):  # <
8         if sum_total([A]) < sum_total([B]):
9             Fake = A
10        elifsum_total([A]) > sum_total([B]):
11            Fake = B
12        else:
13            Fake = C
14    elif sum_total([A, B, C]) > sum_total([D, E, F]):  # >
15        if sum_total([D]) < sum_total([E]):
16            Fake = D
17        elif sum_total([D]) > sum_total([E]):
18            Fake = E
```

```
19          else:
20              Fake = F
21      else:  # =
22          if sum_total([G]) < sum_total([H]):
23              Fake = G
24          elif sum_total([G]) > sum_total([H]):
25              Fake = H
26          else:
27              print('NoWay')
28      return Fake
```

```
1  coins = make_coins()
2  fake = search_fake(coins)
3  fake, coins[fake]
```

実行結果

```
('C', 0.98)
```

【コードの説明】（スクリプト **2.5.3**）

1. search_fake()が設定された硬貨情報を辞書 coins としてもらい，偽造硬貨を返す関数である（#1）．search_fake()関数は，内部で補助関数 sum_total()を利用している．sum_total()は，硬貨のリスト lst の合計重量を求める search_fake()関数内でのみ有効な関数である．sum_total()は，辞書として表現された硬貨情報 coins を用い，lst 中の硬貨の重さのリストをリスト内包表記で作成し，合計を求める組み込み関数 sum()を用いてその合計を求めている（#2-#3）．
2. #5 では，辞書 coins のメソッド keys()を使って，辞書のリスト［'A', 'B', …, 'H'］を表示し，タプルのアンパッキングを使って，それぞれを変数 A，B，…，H に多重代入している．その結果，それぞれの貨幣を，A，B，…，H の変数で同定している．
3. #7 以降からはじまる if 文による条件判断は，決定木の通りであり，決定木で示されたアルゴリズムをスクリプトにしているだけである．

この問題では，偽造硬貨が軽いことがわかっている場合のプログラム（アルゴリズム）であった．偽造硬貨が軽いか重いかがわからない場合の判定法については，**5.1.2** 項の例 **5.1.1** で議論する．

例 **2.5.4** を二つの観点からステップアップした問題を次の例で考える．一つは硬貨の数の一般化であり，8 枚の硬貨から 3^n 枚の硬貨にステップアップする．もう一つの拡張は，偽造硬貨の軽重が解らないという一般化である．

【例 2.5.5】（3^n 枚の中の 1 枚の偽造硬貨）

【問　題】

外見からは区別できない 3^n 枚の硬貨がある．このうち 1 枚は偽造硬貨で本物よりも重量が異なるが，重いか軽いからは不明である．おもりなしの天秤を使って偽造硬貨を見つけ，重いか軽いかの偽造硬貨のタイプを見分けたい．その方法とは？

【解法】

（1） 問題設定

例 2.5.4 では，硬貨を A..H などの文字を使って表したが，天秤を使った場合 3 種類の軽重が比較できることから，硬貨を 3 進数を使って区別する．つまり，硬貨を 0 から 3^n-1 で表す．$n=4$ ならば，0000, 0001, …, 2222 となる．

（2） アルゴリズム

1. $k=n$ と置く．
2. 硬貨を k 桁目のビット 0，1，2 に応じて，A，B，C に 3 分割する．
3. A と B，A と C と 2 回重さを比較し，その結果に応じて偽造硬貨を含むグループと偽造硬貨のタイプ（つまり，軽重）を見分ける．
4. $k<0$ ならばアルゴリズムを終了する．偽造硬貨のグループは 1 個の硬貨からなり，その硬貨が偽造硬貨であり，そのタイプで軽重を決定する．
5. $k \geq 0$ ならば，

   $$k=k-1$$

   として，k 桁目のビット 0，1，2 に応じて，偽造硬貨のグループを A，B，C に 3 分割する．
6. A と B を比較し，A，B，C から偽造硬貨のグループを特定する．
7. 4. に戻る．

以上のアルゴリズムにより，**【問題】**に対しては，$n+1$ 回の計量で 3^n 枚の硬貨から偽造硬貨とその軽重を特定することができる．

2.6 繰返し（ループ）

2.6.1 繰返し構造のパターン

繰返し構造には，二つのパターンがある．

while 文：条件が成り立つ間は，処理を繰返し実行する．

for 文：繰返しを表すイテラブル・オブジェクトに従ってその長さ分だけ繰返し実行する†．

while 文（while ループ）　**while 文**（while statement）は図 **2.6.1**（a）のような構造を

† 両タイプのループともに，ループが無限に続く場合があることに注意されたい．while ループの場合は，無限に条件が成り立つ場合である．for ループは，イテラブル・オブジェクトが無限に状態を作るジェネレータのようなイテラブル・オブジェクトの場合である．

している．また，その挙動は図（b）のように，条件式（cond と略記）が真（True）の間はブロック（block と略記）を実行し続け，条件式が偽（False）になった時点で while 文を終了する．

for 文（for ループ）　一方，**for 文**（for statement）は，図（c）のような構造をしている．また，その挙動は同図（d）のように，ブロック（block と略記）が in 以降のイテラブル・オブジェクトの長さだけ実行され，K 番目のブロックでは，変数（var と略記）が objK に置き換えられた block[objK/var] が実行され，最後の objN の block [objN/var] の実行が終了したら全体の for 文が終了する．ここで，（obj0，obj1，obj2，…，objN）は**イテラブル・オブジェクト**（iterable object）と呼ばれ，繰り返しを可能とするデータオブジェクトがその任を担う．両ループとも，条件分岐同様，ループの本体（ブロック）がインデントされていることに注意を要する．

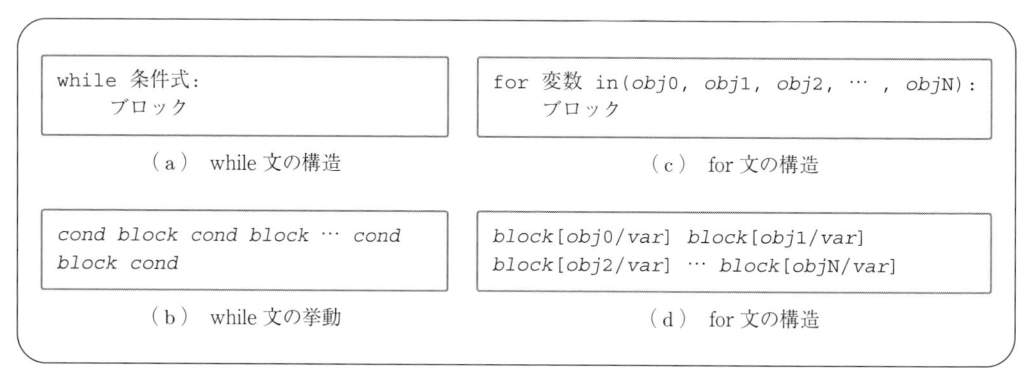

図 2.6.1　繰り返し構造のパターン

2.6.2　ユークリッドの互除法（while 文の適用例）

（1）ユークリッドの互除法とは

2つの正の整数の最大公約数を求める方法として，**ユークリッドの互除法**（Euclidean algorithm）が有名である［Nakamura11］．解法の根幹となるのが，次の定理である．以下，記述を簡単にするため，正の整数 a，b の**最大公約数**（greatest common divisor）を $gcd(a, b)$ で表す．

定理 2.6.1（ユークリッドの互除法［割り算と最大公約数］）　2つの正の整数 a，b $(a \geq b)$ について，a を b で割ったときの商を q，余りを r とすると，$gcd(a, b) = gcd(b, r)$ が成り立つ．

（2）ユークリッドの互除法による最大公約数の求め方

ユークリッドの互除法により，二つの正の整数の最大公約数を求めるアルゴリズムを擬似コードで与える．

【アルゴリズム 2.6.1】（ユークリッドの互除法） 二つの正の整数を a, b とする．

1. a を b で割り，その余り r を求める．
2. $r = 0$ ならば，b が最大公約数である．
3. $r \neq 0$ ならば，$a \leftarrow b$, $b \leftarrow r$ として，1.から繰り返す．

（3） ユークリッドの互除法の図形的解釈

図 2.6.2 は，ユークリッドの互除法により**図 2.6.2** の a, b の最大公約数の求め方を図形の描画により説明した図である．図中の一番大きい長方形は，幅と高さをそれぞれ a, b に設定した長方形である．破線は点 A から開始し，長方形内を描画範囲とし，A の両辺から 45 度離れて直角を二等分するように内部に向け描画される．破線が対辺に当たれば，内部へ直角に反射するように角度を変え描画を続け，点 C に達する．点 C は，長辺の長さを短辺の長さで割ると余りが生じる状態に相当する点である．今度は，点 C を長方形の 1 頂角とし，描画範囲を垂直に区切って残った長方形の範囲に絞りこむ（ユークリッドの互除法の，除数および被除数の変更に相当する）．新たに設定された描画範囲内で，同様にして破線の描画を続ける．破線の描画が描画範囲の角に到達した場合，描画範囲の長辺の長さを短辺の長さで余りなく割り切れた状態となり，破線の描画を終了する．最後の長方形の短辺の長さが，最大公約数となる．

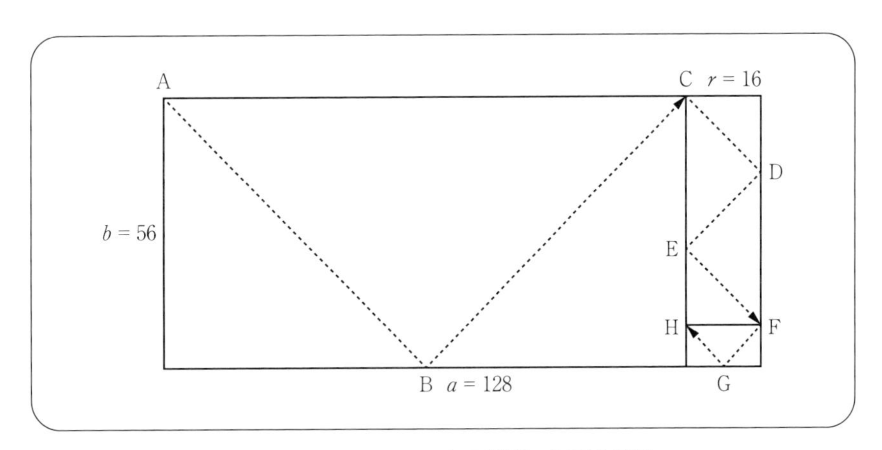

図 2.6.2 ユークリッドの互除法の図形的解釈

（4） 漸化式によるユークリッドの互除法による最大公約数

前項のユークリッドの互除法による最大公約数は，次のように考えれば，漸化式によって定義される数である．a, b を 2 つの正の整数とし，次の漸化式を考える．

$$\begin{cases} a = b \\ b = a\%b \end{cases} \tag{2.6.1}$$

ここで，% は剰余を計算する演算子である．この漸化式は，次の多重代入文でも表現できる．

$$a,\ b = b,\ a\%b \tag{2.6.2}$$

多重代入文（multiple assignment statement）の意味は，まず右辺の値を求め，それぞれの値を左辺のそれぞれの変数に同時に代入することを意味する．その結果，b の値は a に，$a\%b$ は b に同時に代入される．この多重代入文を b が 0 になるまで行い，b が 0 になったときの a の値が最初の a，b の最大公約数である．**6.3 節**では，再帰的定義によるユークリッドの互除法のプログラム実装を紹介する．

（5） ユークリッドの互除法の実装

【例 2.6.1】（ユークリッドの互除法）（続き）　多重代入文による漸化式を用いると，ユークリッド互除法は**スクリプト 2.6.1** のようにスマートに記述できる．$b=0$，つまり前のステップで $a\%b=0$ になった時点で，a を最大公約数として返す．

スクリプト 2.6.1

```
1 def gcd(a, b): # a,b: int such that a, b > 0
2     while b > 0:
3         a, b = b, a%b
4     return a
5
6 # main
7 gcd(128, 56), gcd(8177, 3315), gcd(3934, 2093)
```

実行結果

```
(8, 221, 7)
```

結果を確認する．

```
1 import math
2
3 math.gcd(128, 56), math.gcd(8177, 3315), math.gcd(3934, 2093)
```

実行結果

```
(8, 221, 7)
```

標準モジュール math をインポートして，math の最大公約数を求める関数 gcd() による結果と同じになった．

スクリプト 2.6.1 は，漸化式によるユークリッドの互除法による最大公約数の求め方そのものである．$a<b$ であっても，プログラムはうまく機能することに注意されたい．多重代入文が 1 回余計に実行されるだけである．

（6） 不定方程式と最大公約数

不定方程式と最大公約数の関係について触れる．2 と 5 の最大公約数は 1 なので，ある整数 a，b について，$2a+5b=1$ が成り立つ．例えば，$a=3$，$b=-1$，$a=-2$，$b=1$，$a=8$，$b=-3$ など．任意の整数 n（負の整数でも構わない）を両辺に掛けると，$2an+5bn=n$ が成り立つ．つまり，任意の整数 n について，ある整数 x，y が存在して次式が成り立つ．

$$2x+5y=n \tag{2.6.3}$$

具体例を挙げる．

$$
\begin{aligned}
2\cdot(-2)+5\cdot 1 &= 1, & 2\cdot(-21)+5\cdot 5 &= -17,\\
2\cdot 33+5\cdot(-7) &= 31, & 2\cdot(-166)+5\cdot 47 &= -97,\\
2\cdot 54+5\cdot(-19) &= 13, & 2\cdot 126+5\cdot(-71) &= -103.
\end{aligned}
$$

Python でこのような解を求めてみる．sympy は，記号処理用のモジュール（実際にはパッケージ）である．微分，積分，方程式など，数学分野で必要な多くの記号処理機能が用意されている．

スクリプト 2.6.2

```
1  import sympy
2
3  sympy.var('x y n')
4  E = 2*x + 5*y - n
5  sympy.solve(E, (x, y))
```

実行結果

```
[(n/2 - 5*y/2, y)]
```

【コードの説明】（スクリプト 2.6.2）

1. 関数 var() で，x，y，n を変数として宣言している（#3）．以降，x，y，z を変数として，式などで自由に使用することができる．
2. E は方程式 $2x+5y=n$ を表す式である（#4）．
3. solve() は方程式の解を求める関数であり，x，y を変数とする方程式 E を解いている（#5）．その結果，n，y を任意の数とすると，x は $x=(n-5y)/2$ で与えられる．

この結果をいくつかの例で確かめる．

```
1  cases = [(1, 1), (-17, 5), (31, -7), (-97, 47), (13, -19), (-103, -71)]
2  # [(n, y), ...]
3
4  for n, y in cases:
5      x = int((n - 5*y)/2)
6      print(f'n={n}, x={x}, y={y}: 2x + 5y = {2*x + 5*y}')
```

実行結果

```
n=1, x=-2, y=1: 2x + 5y = 1
n=-17, x=-21, y=5: 2x + 5y = -17
n=31, x=33, y=-7: 2x + 5y = 31
n=-97, x=-166, y=47: 2x + 5y = -97
n=13, x=54, y=-19: 2x + 5y = 13
n=-103, x=126, y=-71: 2x + 5y = -103
```

談　話　室

水汲み問題

最大公約数と不定方程式を種明かしとするクイズに，**水汲み問題**がある．2 と 5 の場合なら，

「2 l のバケツと 5 l のバケツを使って，1 l の水をどのように計量するか？」である．このクイズに対しては，不定方程式

$$2x + 5y = 1$$

の解 $x = -2$, $y = 1$ が解答を与える．5 l のバケツを1回使って 5 l の水を計量し，2 l のバケツで2回水をすくい取り，残ったのが 1 l の水である．

もう少し複雑な例に挑戦する．「17 l のバケツと 19 l のバケツを使って，1 l の水をどのように計量するか？」である．17と19の最大公約数は1なので，この問題の解は，不定方程式

$$17x + 19y = 1$$

の解 $x = 9$, $y = -8$ が解答を与える．つまり，17 l のバケツを9回使って 153 l の水を計量し，19 l のバケツで8回水をすくい取り，残ったのが 1 l の水である．

2.6.3 二分法による平方根の求め方（while 文の適用例）

（1）二分法とは

数値解析における二分法で，平方根を求めてみる．

定義 2.6.1（数値解析における二分法）　数値解析における**二分法**（bisection method）とは，解を含む区間の中間点を求め区間を半分にする操作を繰り返すことによって，方程式を解くアルゴリズムである．

【アルゴリズム 2.6.2】（二分法）　関数 $f(x)$ は閉区間 $[a, b]$（$a < b$）で連続であり，$f(a)f(b) < 0$ とする．また，$\varepsilon > 0$ を事前に設定された誤差とする．

1. $a_0 = a$, $b_0 = b$ とし，初期区間を $[a_0, b_0]$ とする（基底ステップ）．
2. $i \geq 0$ とし，区間 $[a_i, b_i]$ が設定され，$f(a_i)f(b_i) < 0$ と仮定する（帰納法の仮定）．
3. 区間 $[a_i, b_i]$ について，$b_i - a_i < \varepsilon$ ならば，この区間の中心点 $m_i = \dfrac{a_i + b_i}{2}$ を近似値として返す．
4. $b_i - a_i \geq \varepsilon$ ならば，中心点 $m_i = \dfrac{a_i + b_i}{2}$ を求める．
5. 以下に基づいて，次の部分区間 $[a_{i+1}, b_{i+1}]$ を確定するか，解を返す．
   A．$f(a_i)f(m_i) < 0$ ならば，$[a_{i+1}, b_{i+1}] = [a_i, m_i]$ とする．
   B．$f(m_i)f(b_i) < 0$ ならば，$[a_{i+1}, b_{i+1}] = [m_i, b_i]$ とする．
   C．$f(a_i)f(m_i) = 0$ または $f(m_i)f(b_i) = 0$ ならば，中心点 m_i を解として返し，終了する．
6. 3.に戻りそれ以降の処理を続ける．

$f(x)$ が区間 $[a, b]$ で連続で，かつ $f(a)f(b) < 0$ であれば，方程式 $f(x) = 0$ の解が区間 $[a, b]$ において存在することは，次の中間値の定理によって保証される．

定理 2.6.2（中間値の定理）　関数 $f(x)$ が閉区間［a, b］で連続であるとする．$f(a) < f(b)$ ならば，$f(a) < y < f(b)$ なる任意の y に対し，$f(c) = y$ を満たす c（$a < c < b$）が存在する．

二分法では，方程式の正確な解を一般的に求めることはできないが，解とその近似値の絶対誤差未満の推定値を与えることができる．

定理 2.6.3（誤差の範囲）　関数 $f(x)$ が閉区間［a, b］で連続，かつ $f(a)f(b) < 0$ とする．二分法を n 回行った後の閉区間［a_n, b_n］の中間値を $x_n = \dfrac{a_n + b_n}{2}$ とすると，中間値の定理から保証される閉区間［a_n, b_n］での方程式 $f(x) = 0$ の解 x_{true} と x_n については，$|x_{true} - x_n| \leq \dfrac{b-a}{2^{n+1}}$ が成り立つ．

この定理より，事前に（最大の）誤差 ε 以内で方程式の解を求めようとしたとき，$\dfrac{b-a}{2^{n+1}} < \varepsilon$ より，$\log_2(b-a) - \log_2 \varepsilon - 1 < n$ を得る．つまり，最小の繰返し回数 n を求めることができる．

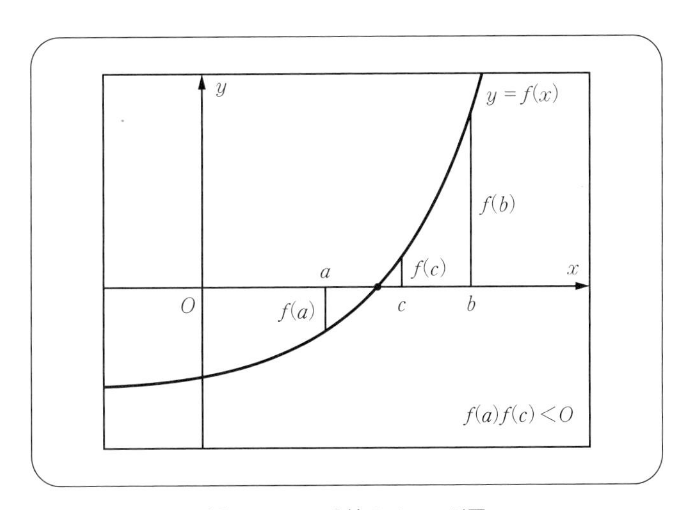

図 2.6.3　二分法のイメージ図

(2) 二分法の実装

スクリプト 2.6.3

```
1  def bisection(f, a, b, epsilon=1.0e-7):
2      if f(a)*f(b) > 0:
3          print("Bisection method fails.")
4          return None
5  
6      calls = 0
7  
8      while b - a >= epsilon:
9          calls += 1
10         m = (a + b)/2.0
11         f_m = f(m)
```

```
12
13        if f_m == 0:
14            print("Found exact solution.")
15            return m, calls
16        elif f(a)*f_m < 0:
17            b = m
18        elif f_m * f(b) < 0:
19            a = m
20        else:
21            print("Bisection method fails.")
22            return None
23    return (a + b)/2.0, calls
```

calls は，区間半減の回数を数えるカウンタである．プログラムは，アルゴリズム **2.6.2** の通りなので，説明は不要であろう．

【例 2.6.2】（黄金比）　**定理 6.3.1**（フィボナッチ数列の一般項（ビネの公式））の中で，黄金比について触れる．黄金比は，方程式 $x^2 - x - 1 = 0$ の正の解 $x = \dfrac{1+\sqrt{5}}{2}$ である．この黄金比の近似値を，二分法によって求めてみる．黄金比の場合は，25 回区間を半減させ，誤差 10^{-7} 以内でその近似値が求まった．約，1.62 である．

スクリプト **2.6.4**

```
1 def golden_ratio_bisec(epsilon = 1.0e-7):
2     f = lambda w: w**2 - w - 1
3     a = 0.0
4     b = 2.0
5     return bisection(f, a, b, epsilon)
6
7 # main
8 golden_ratio_bisec()
```

実行結果

```
(1.6180339753627777, 25)
```

2.6.4 じゃんけんプログラム

【例 2.6.3】（じゃんけん（**rock-paper-scissors**）プログラム）

何人にでも対応できるじゃんけんプログラムを作成する．1 対 1 の 2 人によるじゃんけんから，場合によっては一万人によるじゃんけんでも可能である．じゃんけんは，グー（石：rock/stone）・チョキ（鋏：scissor）・パー（紙：paper）の 3 通りでの勝負であり，n 人によるじゃんけんの場合は，一般に 3^n 通りを考慮して勝ち・負け・引き分けを決めなければならない．本例では，n に比例する $O(n)$ のアルゴリズムを与える．

（1）一様乱数を用いた「じゃんけんプログラム」（関数）

じゃんけんの，グー（G），チョキ（C），パー（P）をそれぞれ数の 0，1，2 に対応させ，人

数 n 人が出すじゃんけんのパターンを生成する関数を作る．実装に当たっては，numpy の整数乱数を発生させる randint() 関数を用いる．10 人分のじゃんけんのパターンを作成する．関数 janken() の返す値のデータ型は，numpy の多次元配列であり，この例の場合は 1 次元のベクトルである．numpy の多次元配列 d に対して，d.shape はその配列の型を返す．

スクリプト **2.6.5**

```
1  import numpy as np
2
3  # 0：グー，1：チョキ，2：パー
4  def janken(n):
5     return np.random.randint(0, 3, n)
6
7  # main
8  janken(10), type(janken(10)), janken(10).shape
```

実行結果

```
(array([2, 0, 0, 0, 2, 0, 1, 1, 0, 0]), numpy.ndarray, (10,))
```

（2） 勝ち負けを判断する関数

既述したように，n 人のよるじゃんけんの勝ち・負け・引き分けを判断する場合には，原則 3^n 通りを考慮しなければならない．勝敗決定を巧妙に行う．3 ビットの 2 進数を用いる．順番は任意であるが，1 桁目はグー，2 桁目はチョキ，3 桁目はパーとする．例えば，n 人がじゃんけんをした結果が 101 であった場合，n 人がグーとパーに別れ，チョキを出した人はいなかったことを意味する．勝敗は，パーを出した人が勝ちである．最終の勝敗決定を，辞書というデータ構造で表す（辞書の詳細は，**4.2.7 項**で説明する）．次の judge が勝敗を決める辞書であり

{key1 : value1, key2 : value2, …, keyN : valueN}

key（キー）と value（値）の系列を波括弧 {,} で閉じた形をしている．辞書 judge に judge[key] のように key を渡すと，value が返ってくる．

スクリプト **2.6.6**

```
1  judge = {'0b1'：'全員 G で引き分け',
2           '0b10'：'全員 C で引き分け',
3           '0b100'：'全員 P で引き分け',
4           '0b11'：'G と C で G を出した人が勝ち',
5           '0b110'：'C と P で C を出した人が勝ち',
6           '0b101'：'G と P で P を出した人が勝ち',
7           '0b111'：'G・C・P で引き分け'}
8
9  # main
10 judge['0b1'], judge['0b101']
```

実行結果

```
('全員 G で引き分け', 'G と P で P を出した人が勝ち')
```

スクリプト 2.6.6 のように，辞書 judge にそれぞれ '0b1'，'0b101' を渡すと，それぞれの

value が返ってきた．ここで，0b は 2 進数を表す接頭辞で，judge の key はすべて 2 進数のテキスト表現である．b は binary の最初の文字である．したがって，'0b1' は 2 進数の 1 であり，全員がグーを出したので勝敗はつかず引き分けであること意味する．意味的には '0b001' であるが，後で示すプログラムでは 10 進数の 1 を 2 進数のテキスト表現に変換すると '0b1' となるため，'0b001' の表現は使用しなかった．2 進数表現と勝敗の関係は，「1 桁目はグー，2 桁目はチョキ，3 桁目はパー」と設定した結果である．2 進数の詳細は **4.2.2 項**を参照されたい．

いま，3 人がグー・チョキ・パーを出したとする．データ的には，rps = [0, 1, 2] である．2 進数表現では，001，010，100 である（実際の 2 進数では 1 の前の 0 は無視される）．複数人によるじゃんけんの結果の 101 はグーとパーに別れたことを表すことだったので，じゃんけんの結果はビットごとの論理和を取ればよいことがわかる．グー・チョキ・パーの論理和を取る．次のセルのタプルの最初の式はビットごとの論理和であるが，10 進数に変換されるため，bin()関数を使い，10 進数を 2 進数のテキスト表現に変換した．

```
0b001 | 0b010 | 0b100, bin(0b001 | 0b010 | 0b100)
```

実行結果

```
(7, '0b111')
```

次に，グー・チョキ・パーの 0，1，2 の表現から 2 進数表現 0b001，0b010，0b100 に巧妙に変換する方法がある．ビットのシフト演算である．基本の 2 進数は 0 であるグーの 0b001 であり，左に 0 ビットシフトする（0b001 << 0）と元の 0b001 のグーであり，左に 1 ビットシフトする（0b001 << 1）とチョキの 0b010 であり，左に 2 ビットシフトする（0b001 << 2）とパーの 0b100 となる．

```
bin(0b001 << 0), bin(0b001 << 1), bin(0b001 << 2)
```

実行結果

```
('0b1', '0b10', '0b100')
```

以上から，rps = [0, 1, 2] の 3 人がグー・チョキ・パーを出した後の状態は，**スクリプト 2.6.7** のように，意図する引き分けの状態 0b111 となる．

スクリプト 2.6.7

```
1  jdg = 0b000
2  rps = [0, 1, 2]
3  for i in rps:
4      jdg |= 0b001 << i
5  bin(jdg)
```

実行結果

```
'0b111'
```

リストで表現したじゃんけんのパターンを引数とし，出し方の 2 進数のテキスト表現を返す関数を定義する．

スクリプト 2.6.8

```
1 def compe(rps):
2     jdg = 0b000
3     for i in rps:
4         jdg |= (0b001 << i)
5     return bin(jdg)
6
7 compe([0, 0, 1, 1, 0]), compe([2, 1, 1, 0, 1]), compe([1, 1, 1, 1, 1])
```

実行結果

```
('0b11', '0b111', '0b10')
```

意図した結果が得られた．いよいよ，n 人のじゃんけんのシミュレーション関数を定義する．関数の引数は n であり，結果はじゃんけんの出し方と勝敗である．

スクリプト 2.6.9

```
1 def simu(n):
2     persons = janken(n)
3     jdg = 0b000
4     for i in range(n):
5         jdg |= (0b001 << persons[i])
6     return persons, judge[bin(jdg)]
```

```
1 print(simu(2))
2 print(simu(5))
3 print(simu(10))
```

実行結果

```
(array([1, 1]), '全員Cで引き分け')
(array([2, 2, 2, 0, 0]), 'GとPでPを出した人が勝ち')
(array([1, 0, 1, 2, 2, 1, 0, 1, 1, 1]), 'G・C・P で引き分け')
```

本章のまとめ

本章は，制御フロー編のプログラミング・チュートリアルを目指した．

- Python の数には，**整数**，**浮動小数点数**，**複素数**がある．数以外では，**ブール値**，不定値を表す None がある（**2.1** 節）．
- **文字列**　シングルクォート「'」あるいは**ダブルクォート**「"」で囲まれた系列であり，その型は str である（**2.1** 節）．
- **四則演算子**の他，**べき乗**，**剰余算**，**商演算**が有用である（**2.2** 節）．
- **フェルマーの小定理**を用いると，指数形式の剰余算が容易に計算できる場合がある（例 **2.2.4**）（**2.2** 節）．
- Python では，**代入文**によって**変数**が定義され，その**型**は代入されたオブジェクトの型に依存する（**2.3** 節）．
- **関数名**，**引数**，**関数本体**により関数を定義する．**ラムダ式**によっても（無名）関数を定義することができる（**2.4 節**）.
- **if-else** による**二分岐**が条件分岐の基本である．**if-elif-...-else** で任意の数の**多分岐制御**を行うことができる（**2.5 節**）.
- 条件分岐を利用し，**偽造硬貨・天秤問題**，**うるう年判定**などの問題を解くことができる（**2.5 節**）.
- while 文，for 文により，繰り返し処理を記述できる（**2.6 節**）.
- **ユークリッドの互除法**は，繰り返し構造に適したアルゴリズムである（**2.6.2 項**）.
- **最大公約数**は，**不定方程式**と密接な関係がある（**2.6.2 項**）.
- **二分法**も，繰り返し処理に適した典型的なアルゴリズムである．二分法を応用して，**平方根**や**黄金比**を求めることができる（**2.6.3 項**）.

●理解度の確認●

問 2.1　**（新人が出現したのは，1 年の何月何日何時何分何秒か？）** 宇宙の年齢は，138 億歳．地球の年齢は 46 億歳．恐竜は 2 億 5100 年前に誕生し，6500 万年前に絶滅した．最初の人類とされる猿人が出現したのが 600 万年前，原人が 180 万年前．そして我々現生人類のグループに属する新人はおよそ 10 万年前に出現したといわれている．

（１）　宇宙の年齢を秒年齢で表せ．

（２）　恐竜の種としての生存期間は原人の何倍か．ただし，原人の生存期間は，原人の出現から新人の出現までとする．

（３）　地球の誕生から今までを 1 年とすると，新人が出現したのは，何月何日何時何分何秒か．

問 2.2　**（*k* 乗根を漸近的に求める）**

（１）　**例 2.3.1** の平方根を漸近的に求める問題に関し，平方根候補 g を負の数に設定した場合，負の平方根が求まることをプログラムで確認せよ．

（２）　$k \geq 2$ とし，k 乗根 $\sqrt[k]{a}$ を求める近似プロセスが，

$$g_{n+1} = \frac{(k-1)g_n + \dfrac{a}{g_n^{k-1}}}{k} \tag{2.19}$$

で与えられることを説明せよ．さらに，この漸化式を用いて，k 乗根 $\sqrt[k]{a}$ をある精度で求めよ．

問 2.3　**（2 桁の数の桁交換）** 2 桁の正の整数，10〜99，をランダムに発生させ，その数の一の位と十の位を交換した数を返す関数を書け．例えば，39 なら 93，70 なら 7 を返す関数を書け．

問 2.4　**（240 枚中の 1 枚の偽造硬貨）** 240 枚中に紛れ込んだ 1 枚の軽い偽造コインを見つけるためのアルゴリズムを与えよ．一般論として，任意の n 枚の中に紛れ込んだ 1 枚の軽い偽造コインを見つけるアルゴリズムを与えよ．可能ならば，そのプログラムを実装せよ．

問 2.5　**（円周率）** ★† 二分法を使い，円周率を小数点以下 10 桁まで求める関数を書け．いくつかの方法が考えれれるが，例えば三角関数 sin を考え，閉区間［6, 7］で $\sin x = 0$ の近似値を求める方法がある．

---

† ★は，少し難易度の高い問題であることを表す．

3 プログラミング・チュートリアル（制御フロー・発展編）

本章は，2 章の発展編である．2 章が極端にボリューム超過にならないように，プログラムのフロー制御に関する発展的話題を本章に移転させた．その一つは関数である．関数は，アルゴリズムの抽象化，構造化を実現し，大規模ソフトウェアの開発には不可欠な概念である．また，関数は名前空間，スコープ，ローカル変数，グローバル変数とも密接に関係する．

次に取り上げるのが，エラー処理と例外処理である．誰もが間違いのないプログラムを書こうとするが，規模が大きくなればなるにしたがって，エラーの発生は避けられない．エラーと区別しなければならないのが，例外である．どのような例外があり，例外が発生した際の処理法を学ぶ．

最後がアルゴリズムとプログラムである．本来は，1 章で触れたほうがよい概念かもしれない．しかし，プログラムやアルゴリズムに関する予備知識がない状態で 1 章で初めて目にしても，腑に落ちるものでもない．初歩的概念を理解したあとの方が理解しやすいだろうとの判断で，この章に移動させた．本章が終われば，4 章のデータ構造・チュートリアルが待ち構えている．

3.1 関数（発展的話題）

3.1.1 関数のグラフ

2.4 節で関数を導入したが，本節では関数のグラフを描いてみたい．

【例 3.1.1】（関数のグラフ描画）　多項式関数 $f(x) = (x^3 - 7x^2 - 21x + 47)/20$ のグラフを描く．**スクリプト 3.1.2** は，関数のグラフ描画プログラムである．**スクリプト 3.1.1** で定義された多項式関数を二通りのグラフで描画する．線（line）グラフ（左）と棒（bar）グラフ（右）である．

スクリプト 3.1.1

```
1 def f(x):
2     y = (x**3 - 7*x**2 - 21*x + 47)/20
3     return y
```

スクリプト 3.1.2

```
 1 import matplotlib.pyplot as plt
 2 import numpy as np
 3 %config InlineBackend.figure_formats = {'png', 'retina'}
 4 plt.style.use('ggplot')
 5 
 6 x = np.linspace(-5, 10, 100)
 7 y = f(x)
 8 
 9 fig = plt.figure(figsize=(8,4))
10 ax1 = fig.add_subplot(1,2,1) # fig.add_subplot(121)でも可
11 ax1.plot(x, y)
12 ax1.hlines(0, -5, 10, color='black', linewidth=0.5)
13 ax1.vlines(0, -9, 8, color='black', linewidth=0.5)
14 ax1.set_title("the line graph of $f(x)$")
15 ax1.set_xlabel('$x$')
16 ax1.set_ylabel('$y$')
17 
18 ax2 = fig.add_subplot(1,2,2) # fig.add_subplot(122)でも可
19 ax2.bar(x, y,color='#90ee90') # colorは，16進数RGBでも可
20 ax2.set_title("the bar graph of $f(x)$")
21 plt.show()
```

実行結果

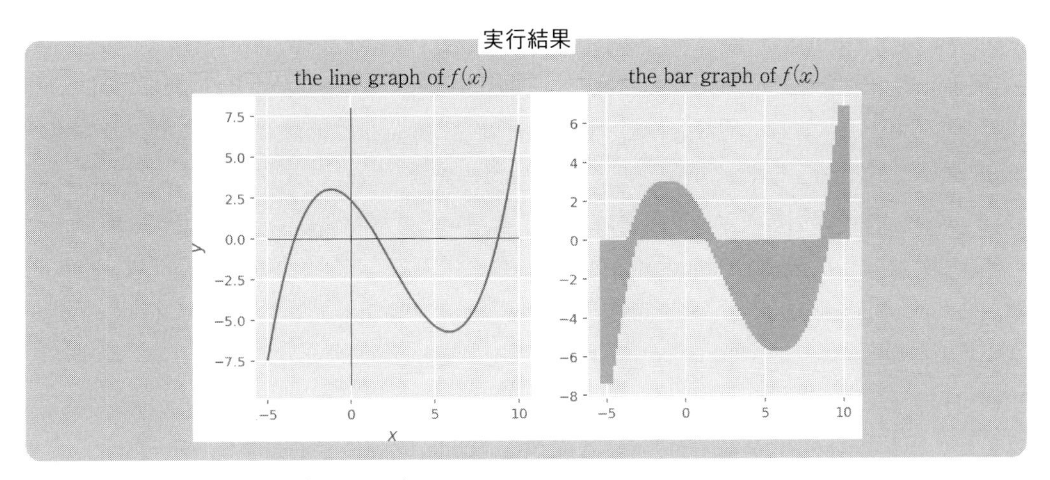

[コードの説明]（スクリプト **3.1.2**）

1. `matplotlib.pyplot` はグラフ描画用のモジュールで，別名を `plt` とするのが Pythonist の慣習である（#1）．#3 は高精細に描画するための Jupyter Notebook のマジックコマンドである．R のグラフ描画スクリプトとして有名な ggplot2 風のグラフ描画スタイルを利用している．この指定で線グラフの色が，赤，青となっている．グラフの背景，グリッドもこのスタイル指定による（#4）．
2. `x` は，−5 から 10 までを 100 等分したベクトル（#6）．`y` は `x` を関数 `f` にブロードキャスト的に適用した結果のベクトル（#7）．
3. `plt` の figure により横 8 インチ，縦 4 インチの描画エリアを作成し（`figure(figsize =(8,4))`），そのインスタンスを fig とする（#9）．fig のメソッド `add_subplot (1,2,1)` により，fig 上に 1 行 2 列のプロットの全体領域が作成され，最後の引数 `1` で全体領域上の位置 `1` を指定したプロットエリア（軸と呼ぶ）`ax1` を作成．その第 1，第 2 引数は，描画エリアのそれぞれ行と列の数を意味し，第 3 引数の値は，行優先左優先の描画エリアの番号を意味する．この表現は，コメント # 以降に記載したように行，列，番号を結合した 3 桁の数（例えば 121）として表現してもよい（#10）．`ax` の線グラフ描画メソッド `plot` に `x`，`y` を渡して線グラフを描画（#11）．残りのスクリプトは，`y = 0`，`x = -5` から `10` に `x` 軸方向の横線の描画（#12）．同様に，`x = 0`，`y = -9` から `8` に `y` 軸方向の縦線の描画（#13）．#14-#16 で，タイトル，`x` ラベル，`y` ラベルを設定．
4. #18-#20 で，同様に fig 上に 1 行 2 列の 2 番目のプロットエリア `ax2` を作成し，棒グラフを描画し，#21 でグラフ描画を開始させている．

3.1.2 関数の図的表現

文献［西澤・森田］にヒントを得て，四角形を用いて関数とその実行環境（**名前空間**（name space）とも呼ぶ）を図的に表現する．**6.1.1 項**では，さらに明確に関数定義の詳細について述べる．

【例 3.1.2】（関数と名前空間の図的表現）　**図 3.1.1（a）**は，**スクリプト 3.1.3** の図的表現である．図（a）には，関数 g の箱（**関数ボックス**（function box）と呼ぶ）と一番外側の **main** ボックス（main box）がある．関数の**ローカル変数**（local variable）あるいは**局所変数**とは，関数定義の仮引数及び関数本体内で代入文で定義された変数である．g() の場合，x，y が局所変数である．一方，main ボックスの場合，代入文で定義された変数は**グローバル変数**（global variable）あるいは**大域変数**と呼ばれる．**スクリプト 3.1.3** の場合，a，x，z が大域変数である．x は main と g の両方に出現するが，両者は文字として同じであっても異なる変数である．局所変数は他の変数との衝突がなければ，その関数定義全体で任意の変数名に変更してもかまわない．これは，λ 計算の **α 変換**（α-conversion）に相当する［Hankin95］．一方，g() 内の変数 a は関数内では局所変数ではないので，main の a 同様両者は同じグローバル変数である．

スコープ（scope）は，その空間から参照可能な名前空間全体を意味し，ビルトインスコープ，グローバルスコープ，ローカルスコープに分類される．**ビルトインスコープ**（built-in scope）は，組込み関数 print()，int() や組込み定数 True など Python の実行環境を立ち上げた際に作られるビルトインの名前空間である．**グローバルスコープ**（global scope）とはプログラムをその範囲とし，その中のグローバル変数の名前空間とビルトインの名前空間をあわせた空間である．**モジュール**とは Python プログラムのことをさし，グローバルスコープを**モジュールスコープ**（module scope）と呼ぶこともある．最後に，**ローカルスコープ**（local scope）とは，関数のようなローカルな名前空間のことである．**図 3.1.1（b）**にそのイメージ図を示す．言い換えると，大域変数のスコープがグローバルスコープ，局所変数のスコープがローカルスコープである．字面上同じ変数は，内側のスコープが優先される．したがって，関数 g 内の変数 x は字面上 main にも現れるが内側のスコープが優先され，x は関数 g() 内では局所変数であり大域変数ではない．もちろん，**スクリプト 3.1.3** の #7 の x は大域変数であ

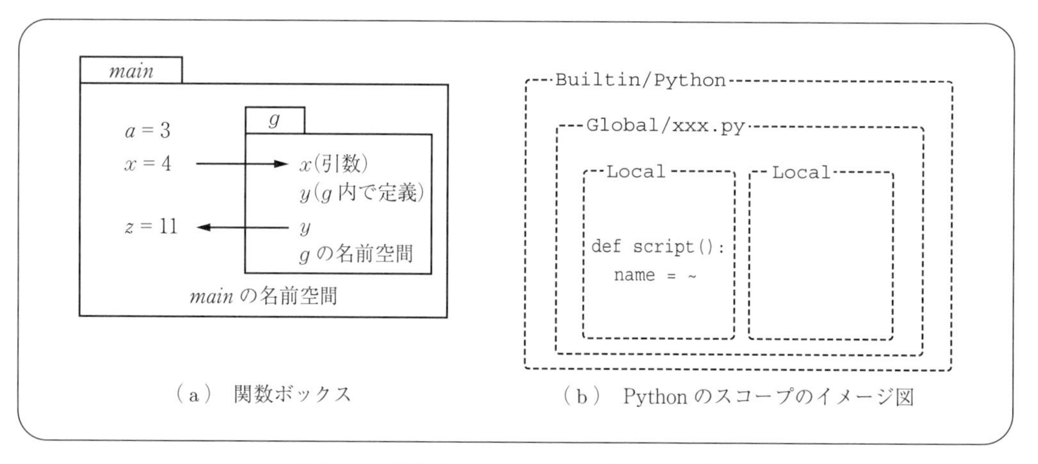

図 3.1.1　関数ボックス・スコープのイメージ図

る．

スクリプト 3.1.3

```
1  a = 3
2  def g(x):
3      y = 2*x + a
4      return y
5
6  x = 4
7  z = g(x); print(z)
```

実行結果

```
11
```

［コードの説明］（スクリプト 3.1.3）

1. a = 3 の代入文で大域変数 a が定義され，3 が代入される（a の値は 3 となる）（#1）．
2. 関数 g が定義され（#2-#4），関数定義内の a は局所変数ではないので，大域変数 a と解釈される．ここで興味深いのは，a の定義が関数 g の定義の前後どちらでもかまわない点である．順序が前後すると，関数内の a は未定義となり，エラーになりそうであるが，エラーにはならない（確認されたし）．Python はインタープリタ型のプログラミング言語であり，コンパイルエラーという概念自体がない．実行時に逐次的に解釈され，未定義なもの（名前）に出くわすと，NameError のエラーメッセージを出して止まる．

3.1.3　素　数　判　定

（1）　素数とは

定義 3.1.1（素数，合成数）　**素数**（prime number）とは，正の約数が 1 と自分自身のみで，1 より大きな自然数である．**合成数**（composite number）とは，2 つ以上の素数の積で表すことができる自然数である．したがって，1 より大きな自然数は，素数か合成数かのいずれかである．

【例 3.1.3】（ナイーブな素数判定）　**定義 3.1.1** より，$n\,(>1)$ が素数かどうかを判定する場合には，n を $2, 3, \cdots, n-1$ の数 p で割っていき，どの数でも割りきれなかった場合のみ素数である（必要十分性）．**スクリプト 3.1.4** の関数 is_prime(n) は，1 より大きい自然数 n が素数かどうかを判定する関数である．

スクリプト 3.1.4

```
1  def is_prime(n: int) -> bool: # n > 1
2      if n <= 1:
3          return False
4      for i in range(2, n):
5          if n%i == 0:
6              return False
7      return True
8
```

```
 9  # main
10  is_prime(137)
```

実行結果

```
True
```

[コードの説明]（スクリプト 3.1.4）

1. 関数の型を関数アノテーションを使って表記した（#1）．この表記は，is_prime が int（整数）を入力し bool（ブール値）を返す関数であることを表す．
2. 引数は 1 より大きい自然数としているが，念のため n が 1 以下の場合は，False を返すようにしている（#2-#3）．
3. 2 以上 n 未満の自然数 i で n を割った余りが 0 である場合は（#5）n は素数ではないので，False を返して関数を終了させる（#6）．
4. 上記の操作を n-1 まで繰り返し（#4），どの数でも割り切れなかったならば素数なので，True を返して関数を終了させる（#7）．

この関数は，素数の定義に基づいた素朴な素数判定アルゴリズムの実装であり，$O(n)$ の剰余算を行わなければならない．

（2） 合成数の約数の探索範囲

定理 3.1.1（合成数の約数の探索範囲）　$n>1$ とし，n が素数でなければ，$p \leq \sqrt{n}$ を満たす n の約数 p が必ず存在する．

この定理の活用法は，「n が $\sqrt{n}$ 以下の 3 以上の基数で約分できなかったら，n は素数である」ということである．素数判定に活用できる．したがって，その計算量を $O(n)$ から $O(\sqrt{n})$ に減少させる．

（3） 素数判定法の実装

【例 3.1.4】（$O(\sqrt{n})$ の素数判定アルゴリズム）素数判定に関し，**定理 3.1.1** より，割る数の範囲を $1 < p \leq \sqrt{n}$ に縮小できる．以下は，この定理に基づいた $O(\sqrt{n})$ の素数判定の関数実装である．

スクリプト 3.1.5

```
 1  def is_prime2(n: int) -> bool:
 2      stop = int(pow(n, 0.5)) + 1
 3      if n == 2:
 4          return True
 5      for i in range(3, stop, 2):
 6          if n%i == 0:
 7              return False
 8      return True
 9
10  # main
11  is_prime2(2), is_prime2(3), is_prime2(111), is_prime2(3511)
```

実行結果

```
(True, True, False, True)
```

[コードの説明]（スクリプト **3.1.5**）

1. 関数定義は，割る数の範囲を $\lfloor\sqrt{n}\rfloor$ までにしている以外は，**スクリプト 3.1.4** とほぼ同じである．
2. n が偶数 $2k$ で割り切れれば必ず k でも割り切れるので，割る数を奇数に限定（#5）．

3.2 エラーと例外処理

エラー処理と例外処理は脇役であり縁の下の力持ちである．誰もが間違いのないプログラムを書こうとするが，規模が大きくなればなるにしたがって，エラーの発生は避けられない．エラーには，少なくとも二つのはっきり異なる種類がある．それは構文エラーと論理エラーである．

3.2.1 構文エラー

構文エラー（sytax error）は**構文解析エラー**（parsing error）ともいわれ，Python プログラミングを学習しているときに最もよく遭遇するトラブルである．

スクリプト **3.2.1**

```
1 def function()
2     print('Hello')
```

実行結果

```
  File "<ipython-input-8-2cee6466c875>", line 1
    def function()
                  ^
SyntaxError: invalid syntax
```

パーサは違反の起きている行を表示し，小さな矢印（ハット記号）「^」を表示し，行中でエラーが検出された最初の位置を示す．エラーは矢印の直前のトークンで起きている（または，少なくともそこの箇所で検出されている）．**スクリプト 3.2.1** では，エラーは 1 行目で検出され，その原因はコロン「:」がその後ろに無いからである．プログラムの実行が複数のファイルの場合は，エラーの箇所が分かるように，エラーが最初に検出されたファイル名とその行番号が出力される．

3.2.2 例　　外

プログラムが構文的に正しくても，プログラム実行時にエラーが発生するかもしれない．実行中に検出されたエラーは，**例外**（exception）と呼ばれる．

（1） ZeroDivisionError

スクリプト 3.2.2

```
1 10 * (1/0)
```

実行結果

```
---------------------------------------------------------------------------
ZeroDivisionError                         Traceback (most recent call last)
<ipython-input-9-985700c33c86> in <module>
----> 1 10 * (1/0)

ZeroDivisionError: division by zero
```

エラーメッセージの最終行は，何が起こったかを示す．例外は様々な原因で起こり，エラーのクラス，あるいはエラーの型がエラーメッセージの一部として出力される．**スクリプト 3.2.2** では，ZeroDivisionError がその型である．例外型として出力される文字列は，発生した例外クラスの名前である．エラーメッセージは，全ての組み込み例外クラスについて同様である．組込み例外クラスの他，例外クラスはユーザが定義することができる．エラーメッセージの先頭部分では，例外が発生した**実行コンテキスト**（execution context）が**スタック・トレースバック**（stack traceback）の形式で表示される．一般には，この部分にはソースコード行をリストしたトレースバックが表示される．しかし，標準入力から読み取られたコードは表示されない．

（2） NameError

スクリプト 3.2.3

```
1 4 + spam*3
```

実行結果

```
---------------------------------------------------------------------------
NameError                                 Traceback (most recent call last)
<ipython-input-10-351460d954bb> in <module>
----> 1 4 + spam*3

NameError: name 'spam' is not defined
```

NameError は，現在の実行環境（名前空間）に存在しない名前を参照した場合に起こる例外である．spam は未定義の名前であり，その結果例外が発生した．

(3) TypeError

スクリプト3.2.4

```
1  '2' + 2
```

実行結果

```
---------------------------------------------------------------------------
TypeError                                 Traceback (most recent call last)
<ipython-input-11-a2d60055be10> in <module>
----> 1 '2' + 2

TypeError: can only concatenate str (not "int") to str
```

演算子あるいは関数の引数の型と実引数のオブジェクトの型が食い違うと，TypeErrorが発生する．**スクリプト3.2.4**の場合，文字列と整数を足すことも，結合することもできない．＋は多相型の演算であるが（多相型については，**4.2.3項**（3および**7.1.6項**を参照されたい），その引数は共に数か，文字列でなければならない．

(4) ValueError

スクリプト3.2.5

```
1  x = int('abc')
```

実行結果

```
---------------------------------------------------------------------------
ValueError                                Traceback (most recent call last)
<ipython-input-12-45595c8ab08e> in <module>
----> 1 x = int('abc')

ValueError: invalid literal for int() with base 10: 'abc'
```

関数が受け取る実引数の型は正しいがその値が不正の場合，ValueErrorが発生する．

その他の例外クラス，その発生原因と事例については，[Python 3.9] を参照されたい．

3.2.3 例 外 処 理

例外を識別して，適切に処理するプログラムを書くことができる．**例外処理文**（try-except statement）がその任に当たる．その構文を図**3.2.1**（**a**）に示す．例外処理文は，次のように動作する．

1. まず，**try ブロック**（try block）（tryとexceptの間のブロック）が実行される．
2. 何も例外が発生しなければ，exceptブロックをスキップしてtry-except文の実行を終了する．
3. tryブロックの実行中に例外が発生すると，そのブロックの残りのコードは実行されない．次に，例外型がexceptキーワードの後に指定されている例外に一致する場合，exceptブロックが実行され，その終了後，try-except文の次に実行制御が移る．

4. もし **except ブロック**（except block）で指定した例外と一致しない例外が発生すると，その例外は try-except 文の外部に渡される．例外に対するハンドラ（handler，処理部）がどこにもなければ，**処理されない例外**（unhandled exception）となり，その旨のメッセージを出して実行を停止する．

```
try:
    try_ブロック
except Error_クラス:
    except_ブロック
```

（a） 例外処理文の構文

```
except: (RuntimeError, TypeError, NameError):
    pass
```

（b） 複数の例外の指定

図 3.2.1　例外処理の構文

一つの try-except 文に複数の except ブロックを追加し，別々の例外に対するハンドラを指定できるが，高々一つのハンドラしか実行されない．ハンドラは対応する try ブロック内で発生した例外だけを処理し，同じ try ブロック内の別の例外ハンドラで起きた例外は処理しない．except ブロックではタプル形式で複数の例外を指定できる．例えば，**図 3.2.1（b）**のように指定する．

【例 3.2.1】（例外処理文の例：英数字からなる文字列の数字の合計を計算する関数）　スクリプト 3.2.6 に，例外処理文のプログラム例を示す．英数字からなる文字列を受け取り，文字列に含まれる数字の合計を求める関数を例外処理を使って定義している．ただし，含まれる数字は 1 桁の数字とする．

スクリプト 3.2.6

```
 1  def sum_digits(s):
 2      sum = 0
 3      for letter in s:
 4          try:
 5              sum += int(letter)
 6          except ValueError:
 7              pass
 8      return sum
 9
10  # main
11  sum_digits('a2b3c5d1fg2')
```

実行結果

```
13
```

［コードの説明］　変数 sum で合計を計算する．初期値は 0 である（#2）．letter が数字に対応する文字でないと int(letter) で例外が発生し（#5），#6 に制御が移り，pass（#7）なので次の文字の処理に移る．例外処理を使わない場合は，#4-#7 を次の文で置き換える．

if letter.isdigit() : sum += int(letter)

3.2.4　例　外　発　生

raise 文を使って，特定の例外を発生させることができる．文の形式は以下となる．exception_name は例外クラスの名前，parameters は例外の補足説明用の文字列である．

raise exception_name(parameters)

```
raise NameError('Hi, there')
```

実行結果

```
---------------------------------------------------------------------------
NameError                                 Traceback (most recent call last)
<ipython-input-14-c2907344a612> in <module>
----> 1 raise NameError('Hi, there')

NameError: Hi, there
```

raise 文によって例外 NameError が発生し，例外発生の理由として文字列 'Hi, there' を引数として渡している．

3.2.5　assert 文

assert 文を用いると，プログラムが期待通りに動作しているか否かを確認できる．assert 文は次の形式をとる．error_message はオプションの文字列である．

assert boolean_exp [, error_message]

真偽をとる論理式 boolean_exp が評価され，その値が True の場合は何もせず制御が次に移る．しかし，評価値が False の場合は，例外 AssertionError が発生する．オプション付きの場合は error_message が出力される．

```
1  x = 123
2  assert x == 123
```

```
1  x = 123
2  assert x == 321, 'Something wrong!!'
```

実行結果

```
---------------------------------------------------------------------------
AssertionError                            Traceback (most recent call last)
<ipython-input-16-73ff04f93062> in <module>
      1 x = 123
----> 2 assert x == 321, 'Something wrong!!'

AssertionError: Something wrong!!
```

アサーション（assertion）は，プログラミングの便利なツールである．関数の引数が適切な型であることを確認するために用いることもできる．また，アサーションはデバッグのツールとしても有効である．例えば，計算中の値が予想どおりの値であることや，関数が許容される値を返していることなどを確認するのにも利用できる．

3.3 アルゴリズムとプログラム

問題記述のデータ構造部分を除くと，プログラムの中心部分がアルゴリズムである．つまり，アルゴリズムとは問題解決の具体的な手順・方法である．

3.3.1 アルゴリズムとは

アルゴリズム（algorithm）は，問題を解くための具体的な手順・方法であり，解を得るための効率が重要となる．アルゴリムをコンピュータで実行できるようにした表現が，プログラムである．したがって，アルゴリズムは，通常，プログラミングを行う前に開発される．「アルゴリズム」という名称は，9 世紀の数学者アル・フワーリズミーの名前に由来すると言われている．彼の著作『インドの数の計算法』（825 年）がラテン語に翻訳され，翻訳書『algoritmi de numero Indorum』の冒頭に「algoritmi dicti（アル・フワリズミーに曰(いわ)く）」という一節があるので『algoritmi（アルゴリトミ）』と呼ばれたという説である．

アルゴリズムとは何かという定義には諸説あるが，本書では，次の条件を満たす手順とする．

（1）**有限性**（finiteness）　アルゴリズムは，有限のステップで表現されていなければならない．

（2）**厳密性**（definiteness）　アルゴリムに曖昧な記述があってはならない．したがって，それぞれのステップの動作は厳密に記述され，その動きは確定的でなければならない．

（3）**停止性**（terminating）　実行させると常に有限のステップで停止し，求める答えを返す．したがって，止まるかどうかわからないものはアルゴリズムとはいえない．

今日の手続型プログラミング言語の場合，プログラムの実行は逐次的に行われ，その表現は有限でなければならない．また，プログラムはそれぞれのステップがどのように動作するか厳密に定義されている．つまり（1）と（2）については，手順をプログラムとして書き表したときに自然に満足される性質であるといえる．しかし，（3）の停止性は厄介である．誰でも，止まらないプログラムを簡単に書くことができる．

【例 3.3.1】（フェルマーの最終定理の反例探し）　例として，17 世紀に予想されたフェルマー（Fermat）の最終定理について，その反例を探すプログラムを書くと以下の**スクリプト 3.3.1** になる．ここで，フェルマーの最終定理とは，「3 以上の整数 n に対して，$a^n + b^n = c^n$ を満たす正の整数 a, b, c は存在しない」という定理である．

スクリプト 3.3.1

```
1  def fermat(n):
2      c = 1
3      while True:
4          for a in range(1, c):
5              for b in range(1, c):
6                  if a**n + b**n == c**n:
7                      return f'found: a={a}, b={b}, c={c}!!'
8          c += 1
```

試しに，$n = 3$ として関数 fermat(3) を実行するとプログラムは止まらない．このプログラムが停止すれば，フェルマーの最終定理の反例が見つかったことになる．しかし，このプログラムが停止しないからといっても（あと 1 分動かせば停止するかもしれないから）フェルマーの定理の証明にはならない†．

アルゴリズムは何らかの計算モデルに基づく動作を規定するので，計算モデルとして何を取り上げるかも，アルゴリズムの記述に際しては重要な点となる．ただし，多くの計算モデルはチューリング完全という点で同等である．もちろん，Python もチューリング完全であり，任意の計算可能な問題や関数を記述することが可能である．

3.3.2 アルゴリズムの記述

アルゴリズムを表記する場合は，プログラミング言語による実コードを示したり，それに近いかたちの擬似コードで表現することが多い．これは，アルゴリズムは最終的にはプログラムとしてコンピュータ上で動作させて利用しようとする場合が多いことを考えれば自然である．その他，フローチャートに代表される各種の図法を用いる方法もあるが，これらは構造化しづらいため，比較的小さいプログラムの記述に限られる．

擬似コード（pseudo code）は，手順の構造はプログラミング言語と同様に示すが，そのなかの具体的な操作については自明部分を言葉で説明するだけで済ませたり，集合操作など数学で使われる記法を自由に使って記す方法である．例として，**例 2.6.2（ユークリッドの互除法）（続き）**をさらにブレイクダウンした擬似コードで示す．

† **スクリプト 3.3.1** は実際に止まらない．なぜなら，フェルマーの最終定理は 1994 年 10 月に米国プリンストン大学のアンドリュー・ワイルズ（A. Wiles）教授によって証明されたので，反例をみつけることはできないはずだからである．

【例 3.3.2】（ユークリッドの互除法の擬似コード）　ユークリッドの互除法による最大公約数を求めるアルゴリズムの擬似コードを示す．

関数 gcd(x, y)：

1. $x \neq y$ の間，2. を繰り返し実行する．$x == y$ になったら，x を返す．
2. x と y の大きいほうから小さいほうを引く．

3.3.3 アルゴリズム解析と計算量

アルゴリズムの良し悪しに関する指標としては，時間計算量，領域計算量などの考え方が主に使われる．

（1） 計算量

アルゴリズムの性能を，処理に要した時間で評価することは困難である．なぜなら，同じアルゴリズムで記述されたプログラムでも，実行環境やハードウェアの性能が異なれば違った結果になるからである．そのため，アルゴリズムの性能を評価するために，計算量という尺度が用いられる．計算量には，時間計算量と領域計算量がある．多くの場合，単に計算量と言えば前者の時間計算量のことを指す．

時間計算量：処理時間がどれだけ掛かるのかを表す．

領域計算量：処理にどれだけの記憶容量を必要とするかを表す．

（2） *O* 記法

計算量を表す場合，実際の時間ではなくステップ数を採用する．入力の長さが n の場合，アルゴリズムが実行を開始して終了し結果を返すまでの最悪のステップ数を漸近記法の O (order notation) で表す．例えば，$O(n)$ とは，入力の長さ n に比例した量を表す．実際のステップをカウントすると $1234n + 10^4$ のように非常に大きな係数と定数であっても，n が無限大に近づけばこれらの係数の大きさの違いや定数項の有無は無視できるので，単に $O(n)$ の係数 1，定数項無しの単項式で表す．また，$p = 5n^4 + 2n^3 + n + 8$，$q = 0.0001\,2^n + 100\,n^8$ のような多項式や指数式の場合，係数の大小はあまり意味がなく，関数としてどちらが支配的かに応じて計算量を標記する．これらの場合，$O(n^4)$，$O(2^n)$ と標記される．

3.3.4 時間計算量からみたアルゴリズムの主なクラス

アルゴリズムの一般的な時間の複雑さの主なクラスを以下に列記する．

$O(\log n)$：対数時間アルゴリズム（logarithmic algorithm）　アルゴリズムは多くの場合，各ステップで入力サイズを半分にする．そのようなアルゴリズムの実行時間は対数で表される．$\log_2 n$ は 2 で割る必要がある回数に等しいためである．

$O(n)$：**線形時間アルゴリズム（linear algorithm）**　線形時間アルゴリズムは，入力を一定回数スキャンする．通常は各入力要素に少なくとも1回アクセスする必要があるため，これは多くの場合，最適なアルゴリズムである．

$O(n \log n)$：**整列時間アルゴリズム（soring time algorithm）**　効率的な整列アルゴリズムの時間の複雑さは $O(n \log n)$ であるため，この時間の複雑さは，アルゴリズムが入力を並べ替えることを示す．別の可能性は，アルゴリズムが各操作に $O(n \log n)$ 時間かかるデータ構造を使用する場合である．

$O(n^2)$：**二乗時間アルゴリズム（quadratic algorithm）**　二乗時間アルゴリズムには，多くの場合，2つのネストされたループが含まれる．入力要素の全てのペアを調べる時間が二乗時間である．

$O(2^n)$：**指数時間アルゴリズム（exponential time algorithm）**　この時間の複雑さは，多くの場合，アルゴリズムが入力要素のすべての部分集合を反復処理することを示している．

多項式時間アルゴリズム（polynomial time algorithm）　時間の複雑さが最大で $O(n^k)$ である場合，アルゴリズムは多項式時間アルゴリズムである．ここで，k は定数である．実際には，定数 k は通常小さいため，多項式時間の複雑さは，おおよそアルゴリズムが効率的であることを意味する．

本章のまとめ

本章は，プログラムのフロー制御の発展編である．

- 関数の図的表現は，名前空間，スコープ，グローバル変数，ローカル変数を把握するのに役立つ（**3.1** 節）．
- エラーには，**構文エラー**と**例外**がある（**3.2** 節）．
- **例外処理文**により，例外を選別して適切に処理するプログラムを書くことができる（**3.2** 節）．
- raise 文を使って，特定の例外を発生させることができる（**3.2** 節）．
- assert 文を用いると，プログラムが期待通りに動作しているか否かを確認できる（**3.2** 節）．

●理解度の確認●

問 3.1　**（グローバルスコープ・ローカルスコープ・グローバル変数・ローカル変数）2.6.4 項じゃんけんプログラムのスクリプト 2.6.5～スクリプト 2.6.9** までを一連のプログラムとした場合の，グローバルスコープ，ローカルスコープ，及びグローバル変数，ローカル変数を挙げよ．

問 3.2　**定理 3.1.1** を証明せよ．

問 3.3　**（補助関数とローカルスコープ・ローカル変数）スクリプト 2.5.3** のローカルスコープ，ローカル変数を挙げよ．

問 3.4　**（例外を用いたトークンへの分解）** 英語の文章を受け取り，単語のトークンに分解せよ．ただし，句読点を読み込んだら例外を発生させるとする（**例 3.2.1** が参考になる）．

4 プログラミング・チュートリアル（データ構造編）

本章では，2 章，3 章を踏まえ，データ構造の側面に焦点を当て，問題やデータの表現記述という視点からプログラミングに注視していく．

一般に，問題解決はアルゴリズムとデータ構造からなる．アルゴリズムは問題をどのように解いていくかの戦略に相当し，データ構造は問題の表現法に相当する．両者は密接に関係し，アルゴリズムの良し悪しはデータ構造のそれに大きく依存する．その意味では，データ構造に関する十分な理解は，効率良いアルゴリズムを考え出し，効果的に問題解決を行っていくうえできわめて重要である．

本章は，変数とその値の管理に始まり，Python のデータ型とその活用法を具体例で示す．その後，アルゴリズムで重要なグラフ構造とその実現法に触れ，オブジェクト指向におけるオブジェクト記述で締めくくる．

4.1 変数とその評価

4.1.1 代入文の処理系上の仕組み

2.3 節で学んだように，プログラミング言語（特に Python）では，変数はデータを保存しておくための入れもの（容器），名前であった．例えば，変数 x に整数 25 を保存することを**スクリプト 4.1.1** のように書き，「x に 5 を代入する」といった．変数には，数に限らず多様なデータが代入される．次に，変数や代入文の処理系上の仕組みを理解する．

スクリプト 4.1.1

```
x = 25
```

Python の多くの処理系では，**スクリプト 4.1.1** は，**図 4.1.1** のような仕組みで実行される．メモリ上に，名前（変数も名前の一つ）の**参照アドレステーブル**（reference address table）（以下，単に**参照**（reference）と呼ぶ）と**データ管理テーブル**（data management table）が確保される．前者では名前とその参照先が管理され，後者では参照，その値，参照カウンタのレコードが管理される．**スクリプト 4.1.1** の代入文により，はじめに，定数 25 とその参照が新規に作成され，参照カウンタに 1 がセットされる．ただし，データ管理表で定数 25 が既に管理されている場合はレコードは新規には作成されず，参照カウンタの値が 1 増えるだけである．次に，変数 x と参照先アドレスのレコードが新規作成され，参照欄に定数 25 の参照アドレスがセットされる．変数 x の参照先は，コマンド

```
id(x)
```

実行結果

```
140728837448864
```

によって得ることができる．この数値は，メモリ上のアドレスを意味する†．ただし，このアドレスは桁が長過ぎるので，以降では，支障がない限り便宜的に桁の少ないアドレス表示を行う．**スクリプト 4.1.2** の ref() が簡易的な参照を返す関数である．下位 digit 桁のアドレスを表示する．digit のデフォルトは 4 である．

† 64 bit OS の場合，メモリ空間のアドレスは 2^{64} が最大なので，これより小さい値を id() 関数は返す．

スクリプト 4.1.2

```
1 def ref(x, digit=4):
2     return id(x) % (10**digit)
3 x, ref(x)
```

実行結果

```
(25, 8864)
```

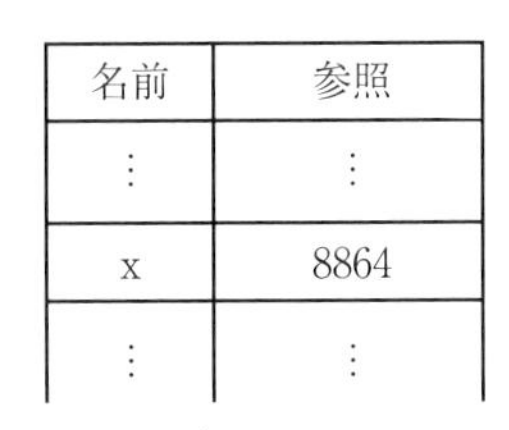

名前	参照
⋮	⋮
x	8864
⋮	⋮

（a） 名前の参照アドレステーブル

参照	値	カウンタ
⋮	⋮	⋮
8864	25	1
⋮	⋮	⋮

（b） データ管理テーブル

図 4.1.1　代入文 x = 25 の処理系上での仕組み

x の値は 25，その参照は 8864 である（参照は実行環境ごとに異なる．図 **4.1.1** の x の参照，参照のカウンタの値は仮想の値である）．定数 25 の参照カウンタの値は，その値を参照している変数を通して，標準ライブラリ sys の getrefcount() によって知ることができる．変数の値，参照，参照カウンタを確認するために，確認用の関数 disp_var() をスクリプト **4.1.3** で定義する．参照カウンタはデフォルトで設定不要になっているが，必要な場合は ref_cnt = True と設定する．

スクリプト 4.1.3

```
1   from sys import getrefcount as g_cnt
2
3   def disp_var(x, symbol, ref_cnt=False):
4       if ref_cnt:
5           print(f'on {symbol} = {{ref: {ref(x)}, val: {x}, ¥
6           ref_cnt: {g_cnt(x)}}}')
7       else:
8           print(f'on {symbol} = {{ref: {ref(x)}, val: {x}}}')
```

スクリプト 4.1.4

```
1   disp_var(x, 'x', True)
2   a = 25
3   disp_var(a, 'a', True)
4   disp_var(x, 'x', True)
```

実行結果

```
on x = {ref: 8864, val: 25, ref_cnt: 48}
on a = {ref: 8864, val: 25, ref_cnt: 49}
on x = {ref: 8864, val: 25, ref_cnt: 49}
```

変数 x の値は 25，参照は 8864 である．この時点での定数 25 の参照カウンタは 48 である．

新規の代入文 a = 25 により定数 25 の参照カウンタの値は 1 増えて 49 になり，変数 a の参照は x の参照と同じアドレスになっている．

4.1.2 変数への値の渡し方と参照渡し

（1） 値渡し・名前渡し・参照渡し

変数への値の渡し方（変数の中身）には 3 通りある．一つは**値渡し**（call by value）であり

$$x = E \tag{4.1.1}$$

式（4.1.1）の場合，E が最終的な値として評価され，その最終評価値が x に代入される．**名前渡し**（call by name）とは，式（4.1.1）の場合，E は評価されず E の式を表す**名前**（アドレスやポインタのようなもの）が x に代入される．それ以降は，x の具体的な値が必要になったときに初めて E が評価される．この意味で，名前渡しを**遅延評価**（lazy evaluation）とか**必要渡し**（call by need）とも呼ばれる．多くのプログラミング言語では値渡しが採用され，名前渡しが選択できるのは C 言語のポインタ渡しなどの一部の言語とその機能に限られる．値渡しは効率が良いが，生産者-消費者問題［Cormen09］のような潜在的に止まらないプロセスを表現する場合には都合が悪い．このような問題は，名前渡しの評価法によって，きわめて簡潔に表現できる．最後に**参照渡し**（call by reference）とは，Python が採用している変数への値の渡し方である．オブジェクト（変数も含む）の**参照**（reference）とは，その名前あるいはメモリ上のアドレスである．式（4.1.1）の場合，E の参照が x に渡される．

（2） Python における参照渡し

【例 4.1.1】（Python における参照渡し）　Python の参照渡しの仕組みをみるために，次の簡単なプログラムを考える．変数 x，y にイミュータブルな同じ整数 3 を代入し，その後 z = 10 を実行し，最後に y に z を代入したときの，名前空間を確かめる．ここで，データが**ミュータブル**（mutable）とは，同じオブジェクトのまま一部の値を変更することができることであり，属するデータ型に依存する．変更できないデータ型は，**イミュータブル**（immutable）と呼ばれる．整数は変更できないので，イミュータブルである（**付録 2.**参照）

x, y = 3, 3

z = 10

y = z

スクリプト 4.1.5

```
1 x, y = 3, 3
2 z = 10
3 disp_var(x, 'x', True)
4 disp_var(y, 'y', True)
5 disp_var(z, 'z', True)
6 y = z
7 disp_var(y, 'y', True)
```

実行結果

```
on x = {ref: 8160, val: 3, ref_cnt: 718}
on y = {ref: 8160, val: 3, ref_cnt: 718}
on z = {ref: 8384, val: 10, ref_cnt: 195}
on y = {ref: 8384, val: 10, ref_cnt: 196}
```

[コードの説明]（スクリプト**4.1.5**）

1. 同時代入文（#1）により同じ値3を代入されたx，yは，同じアドレスを参照している（#3，#4）．
2. 変数zへ代入した値10は3とは異なるので（#1），zはx，yとは異なるアドレスを参照している（#5）．
3. 代入文（#6）により，yの参照はzの参照に変更され，yの値もzと同じになった（#7）．

この状況を図**4.1.2**に示す．

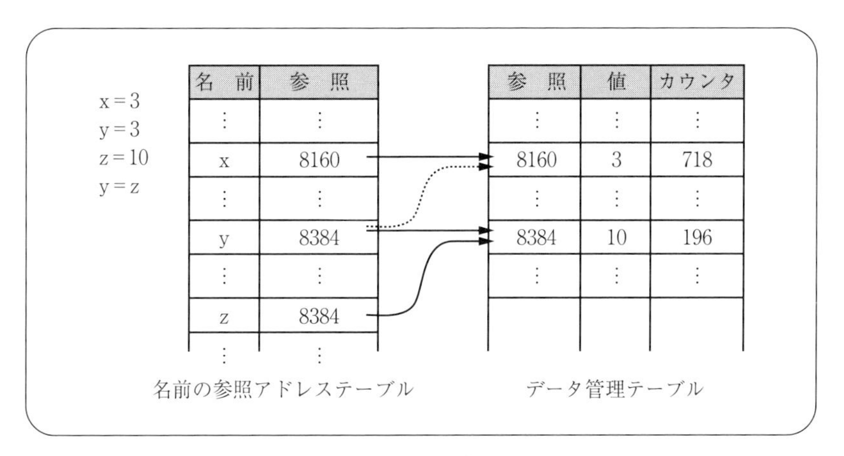

図**4.1.2** 処理系上での代入文の仕組み

（3） まとめ

以上の状況をまとめると，次のようになる．

- 異なる変数への代入でも，代入される値が同じであったら両変数の参照は同じになった†．
- 新規変数にそれまでに出現していない値を代入した場合，新規変数の参照には新規のアドレスが設定された．
- 新規変数に既存の変数を代入したら，新規変数の参照は右辺の既存変数の参照と同じになり，その値も既存の変数の値と同じになった．

† 同じ値であっても，大きな数やミュータブルなデータの場合は，その参照は異なることがある．

4.2 データ型

これまで，数を中心としたデータを扱ってきた．この節では，多種多様なデータ型の詳細を調べ，この後の問題に適したデータ型の選択と問題表現への布石とする．

4.2.1 用途と特徴に応じたデータ型の分類

Pythonでは，事前の変数のデータ型宣言は不要である．だからといって，Pythonにデータ型がないというわけではない．Python，Java，C++など，オブジェクト指向型プログラミング言語では，プログラムの適用対象はすべてのオブジェクトである．オブジェクトには，そのオブジェクト固有の**データ型**（data type）（あるいは**型**（type））がある．Pythonのデータ型をまとめると，**表4.2.1**のようになる．括弧（）内の文字列はデータ型の略称である．また，**付録2.**では，データ型の例示を行いながら，データ型を表にまとめている．さらに，**付録5.**では，組み込みデータ型間の変換について表にまとめている．

4.2.2 数・数値

(1) 異なるデータ型間のデータ変換

数を整数に変換（キャスト（cast）と呼ぶ）する場合はint()，浮動小数点数に変換する場合はfloat()，複素数に変換する場合はcomplex()が使用できる．ただし，複素数は，整数，浮動小数点数には変換できない[†]．また，浮動小数点数を整数に変換すると，小数点以下が切り捨てられる．また，数を文字列化した表現をそれぞれの型の数に変換することができる．**表4.2.1**に，データ型間の変換表を示す．

表4.2.1　異なるデータ型間のデータ変換表

データ型（type）	例	int()	float()	complex()	str()
整数（int）	23	23	23.0	(23 + 0 j)	'23'
浮動小数点数（float）	3.14	3	3.14	(3.14 + 0 j)	'3.14'
複素数（complex）	(2 + 3 j)	−	−	(2 + 3 j)	'(2 + 3 j)'
文字列（str）	'2'，'2.3'，'2 + 3 j'	2，−，−	2.0，2.3，−	(2 + 0 j)，(2.3 + 0 j)，(2 + 3 j)	'2'，'2.3'，'2 + 3 j'

† 集合としての包含関係からも自明である．

```
int(3.14), complex(3.14), int('2'), float('2.3'), complex('2+3j')
```

実行結果

```
(3, (3.14+0j), 2, 2.3, (2+3j))
```

（2） 基数による数の表現

基数（base）（基底とも呼ぶ）$b\,(b > 0)$ の n 桁の数は

$$a_{n-1}a_{n-2}\cdots a_1a_{0(b)} \tag{4.2.1}$$

で表現され，10 進数表現では次のようになる．ここで，$0 \leq a_i < b\,(0 \leq i < n)$ である．

$$a_{n-1}\cdot b^{n-1} + a_{n-2}\cdot b^{n-2} + \cdots + a_1\cdot b + a_0 \tag{4.2.2}$$

（3） 2 進数・8 進数・16 進数の接頭辞表現

通常，10 進数表現の数を用いるが（10 進数表現の場合，235 のように通常基数を省略するが，$10_{(10)}$ のように基数を明示してもよいが，普通はしない），数値の前に**接頭辞**（prefix）**0b**（2 進数），**0o**（8 進数），**0x**（16 進数）を付けると，2 進数，8 進数，16 進数の数を表現できる．ちなみに，先頭部分にある b，o，x は Binary（2 進），Octal（8 進），heXadecimal（16 進）の頭文字や途中の文字であり，先頭文字は数字の 0（ゼロ）である．したがって，10 進数の数と混同することはない．接頭辞表現の数を評価すると，すべて 10 進数表現になる．ちなみに，10 進数の接頭辞はない．

- 2 進数（binary）：0b1011，0b101101
- 8 進数（octal）：0o767，0o1234
- 16 進数（hex, hexadecimal）：0x2ab3，0xffffff

表 4.2.2 に，異なる基数の数の表現と変換をまとめた表を示す．

- （a）列はそれぞれの基数の数の接頭辞表現であり，(a') 列が等価な 10 進数の数である．
- （b）列は数を基数の表現に変換する式であり，その結果を（b'）列に示す．結果は，文字列となる．引数に指定される数は，10 進数の数に限らない．10 進数以外の数も結局は 10 進数として評価されるので，基数変換関数の引数にはどんな数がきてもよい．つまり，接頭辞表現と基数変換関数によって，異なる進数間の変換ができる．

表 4.2.2　異なる基数の数の表現と変換

n 進数	n 進数の数	（a）接頭辞表現	(a')10 進数	（b）基数変換式	(b')左の結果	（c）int()関数式	（d）f 文字列
10 進数	−235, 512(10)	−235，512	−235，512	int(−235), int(512)	−235, 512	int('−235'), int('512')	f'{−235 : d}', f'{512 : #d}'
2 進数	−1011(2), 10010(2)	−0b1011, 0b10010	−11，18	bin(−11), bin(18)	'−0b1011', '0b10010'	int('−1011', 2), int('10010', 2)	f'{−11 : b}', f'{18 : #b}'
8 進数	−77(8), 512(8)	−0o77, 0o512	−63，330	oct(−63), oct(330)	'−0o77', '0o512'	int('−77', 8), int('512', 8)	f'{−63 : o}', f'{330 : #o}'
16 進数	abc(16), fff(16)	0xabc, 0xfff	2748，4095	hex(2748), hex(4049)	'0xabc', '0xfff'	int('abc', 16), int('fff', 16)	f'{2748 : x}', f'{4095 : #x}'

- （c）列は（b）とは逆に文字列をそれぞれの基数の数に変換する関数式であり，その結果は等価な 10 進数の数で表現される．ここで，int(**それぞれの基数の数の文字列表現，基数**) である．
- （d）列は，（b）を f 文字列で行う書式の例である．'f{ それぞれの基数の数：接頭辞 }' とすると，'1011'（f'{11:b}' の結果）のように接頭辞なしの対応する基数の文字列として評価される．一方，'f{ それぞれの基数の数：#付き接頭辞 }' とすると，'b1011'（f'{11:#b}' の結果）のように接頭辞付きの対応する基数の文字列として評価される．

図 4.2.1 は，n (2, 8, 16) 進数の数，10 進数の数と文字列の相互変換をまとめた図である．

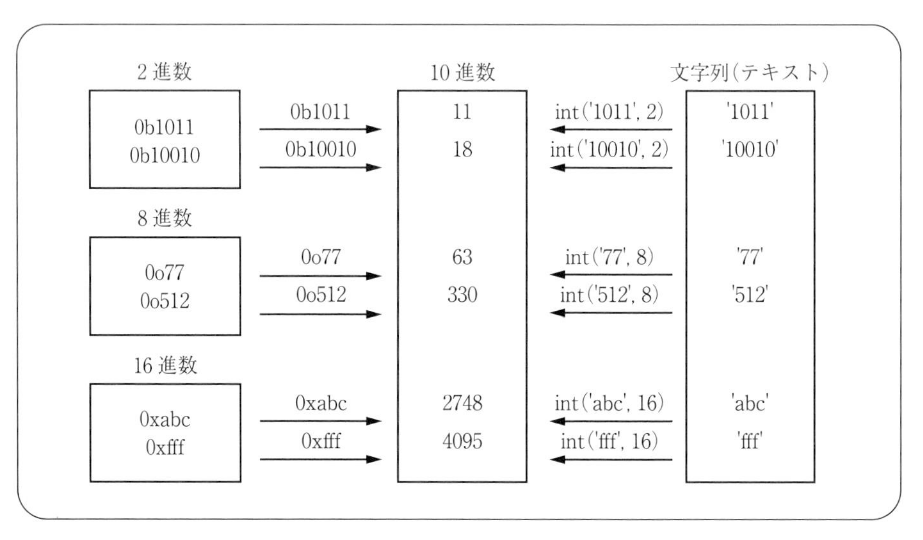

図 4.2.1　異なる基数の数の表現と変換

2 進数 $1011_{(2)}$，8 進数 $512_{(8)}$，16 進数 $abc_{(16)}$ を 10 進数表現に変換する．

```
0b1011, 0o512, 0xabc
```

実行結果

```
(11, 330, 2748)
```

基数は何であれ，接頭辞表現の数を評価すると全て 10 進数の数となる．ちなみに，フルカラーの画像は光の 3 原色の赤（Red），緑（Green），青（Blue）のそれぞれの輝度が 16 進数 2 桁で表現される．色の種類としては，000000（黒）から FFFFFF（白）までの $16^6 = 16,777,216$ 色の色が表現可能である．

（4）　10 進数から 2 進数・8 進数・16 進数への変換関数

- bin(n)：10 進数 n を接頭辞表現の 2 進数文字列に変換
- oct(n)：10 進数 n を接頭辞表現の 8 進数文字列に変換
- hex(n)：10 進数 n を接頭辞表現の 16 進数文字列に変換

bin(), oct(), hex() は，引数の 10 進数をそれぞれ接頭辞付きの 2 進数，8 進数，16 進数の文字列表現に変換する．

```
bin(11), oct(330), hex(2748)
```

実行結果

```
('0b1011', '0o512', '0xabc')
```

変換された結果はあくまでも文字列であり，したがって，そのままでは計算には使えない．

（5） *n* 進数文字列表現から 10 進数表現への変換

- int(string, n = 10) : n ($2 \leq n \leq 36$) 進数文字列表現 string を 10 進数に変換．

string には接頭辞付き文字列表現も可能である．n を省略すると，$n = 10$ とみなし，string は 10 進数の文字列表現でなければならない．また，$n = 2, 8, 10, 16$ のいずれかである必要はない．n には 2 以上 35 以下の任意の数が設定できる．$n \geq 11$ の場合は，'a' または 'A'（10 を表す），…，'z' または 'Z'（35 を表す）の文字を使用する．

$$1011_{(2)} = 11, 10010_{(2)} = 18, 77_{(8)} = 63, 512_{(8)} = 330, \mathrm{abc}_{(16)} = 2748, \mathrm{fff}_{(16)} = 4095$$

```
1  int('1011',2), int('0b10010',2), int('77', 8), ¥
2  int('0o512', 8), int('abc', 16), int('0xfff', 16)
```

実行結果

```
(11, 18, 63, 330, 2748, 4095)
```

36 進数の数 'zoo' は，10 進数表現で $35 \times 36^2 + 24 \times 36^1 + 24 \times 36^0$ と解釈できる．

```
int('zoo', 36), int('z', 36), int('o', 36), 35*36**2 + 24*36 + 24
```

実行結果

```
(46248, 35, 24, 46248)
```

（6） 書式指定文字による 10 進数の 2 進数・8 進数・16 進数文字列表示

- f'{n : 書式指定文字 }' : 10 進数 n を書式指定文字に応じて，2 進数・8 進数・16 進数文字列表示に変換
- 書式指定文字 : b（2 進数），#b（接頭辞付き 2 進数），o（8 進数），#o（接頭辞付き 8 進数），x（16 進数），#x（接頭辞付き 16 進数）

```
f'{11:b}', f'{18:#b}', f'{63:o}', f'{330:#o}', f'{2748:x}', f'{4095:#x}'
```

実行結果

```
('1011', '0b10010', '77', '0o512', 'abc', '0xfff')
```

ちなみに，書式指定文字 d, #d は 10 進数である（あまり意味はないが…）．

4.2.3 リ　ス　ト

（1） リストとは

リスト（list）は，データをカンマ「,」で区切り，角括弧を用いて両側を閉じたデータ型である．**付録 2.** にあるように，リストはデータ型の殆どの特徴に○が付き，表現豊かで非常に扱いやすく用途の広いデータ型である．特に，シーケンス型データ型の代表格である†．平日をリストで表すと以下となる．

```
1 weekday = ['Monday', 'Tuesday', 'Wednesday', 'Thirsday', 'Friday']
2 weekday
```

実行結果

```
['Monday', 'Tuesday', 'Wednesday', 'Thirsday', 'Friday']
```

[特徴と概要]（リスト）

- リストは，データ型として**シーケンス**（sequence）型に分類され，シーケンスに共通な演算が可能である（**付録の表 A.3.1**，**表 A.3.2** 参照）．
- リスト固有の演算とその意味，具体例と操作後の lst の値，及び式全体の評価値を表にして**付録の表 A.4.1** に示した．これら（インスタンス）メソッドの場合，メソッド実行後インスタンスであるリストが副作用で変わる場合が多いことに注意されたい．
- 数の比較演算子は，リスト，そしてシーケンス型のデータに対して適用することができる．両者の比較は，**辞書引き順序**で比較される．

（2） 演算 + のポリモルフィズム（多相性・多態性）

演算子「+」は，適用されるデータによって演算の意味が異なる．このような演算子の性質を**ポリモルフィズム**（polymorphism）と呼ぶ．以下では加算演算子（+）が取る引数によって，結合を意味する演算子に変わり，そのデータ型によって + のタイプ（型）が異なることを**中置表現**（**4.4.3 項**参照.）で明示した例である．

スクリプト 4.2.1

```
1 print(f'{17 + 23 = };   int + int -> int') # int + int: int
2 print(f'{[[], [[]]] + [] = };   list + list -> list') # list + list: list
3 print(f'{("a", 2) + ("b", 3, []) = };   tuple + tuple -> tuple') # tuple +
4 tuple: tuple
5 print(f'{"Have a" + " good day." = };   str + str -> str') # str + str: str
```

† Python の場合，リストとタプルは比較的共通性があり，アンパッキングやそのほかの操作でリストとタプル共に有効な場合がある．その際には，タプル表記よりはリスト表記が優先される場合がある．

実行結果

```
17 + 23 = 40; int + int -> int
[[], [[]]] + [] = [[], [[]]];, list + list -> list
("a", 2) + ("b", 3, []) = ('a', 2, 'b', 3, []): tuple + tuple -> tuple
"Have a" + "good day." = "Have a good day."; str + str -> str
```

（3） リストの活用事例：ソーティング

1.4.2 項（1）でソーティング問題を定義し，**1.4.2 項**（3）でソーティングアルゴリズムの概要に触れた．リストの活用事例の最後として，線形戦略による 2 種類のソーティングアルゴリズムを紹介する．二つとも時間計算量が $O(n^2)$ の初等的なアルゴリズムである．

（a） ソーティング・データの生成

ソーティングアルゴリズムの前に，ソートの対象となるデータを生成する関数を定義する．データ生成関数 create_data() は，start から stop-1 までの整数をランダムに num 個生成する．seed を設定すると，毎回同じデータを生成できる．この関数の実現に，関数本体ではモジュール numpy の整数乱数を発生する関数 random.randint() を用いている．#8 から始まるメインのプログラムでは，ランダムに生成されたリストデータを標準関数 sorted() を使って昇順にソートしている．また，結果を見やすくするために，f 文字列では改行コード（¥n）を用いて整形している．（例 **2.2.1** 参照）

スクリプト 4.2.2

```
1  import numpy as np
2
3  def create_data(start=1, stop=21, num=20, seed=123):
4      np.random.seed(seed)
5      A = list(np.random.randint(start, stop, num))
6      return A
7
8  A = create_data()
9  print(f'created data ({len(A)} in length):¥n{A}¥n')
10 print(f'its sorted data:¥n{sorted(A)}')
```

実行結果

```
created data (20 in length):
[14, 3, 3, 7, 18, 20, 11, 2, 1, 18, 16, 10, 1, 15, 1, 16, 20, 15, 5, 1]

its sorted data:
[1, 1, 1, 1, 2, 3, 3, 5, 7, 10, 11, 14, 15, 15, 16, 16, 18, 18, 20, 20]
```

（b） 選択ソート

選択ソート（selection sort）とは，次のようなアルゴリズムである．

[擬似コード]

1. ソート対象のリストの中から最も小さい要素を見つけ，先頭と交換する．
2. 先頭を除いた残りのリストをソート対象として，1. を繰り返す．
3. リストの要素が 1 個になったら停止する．

スクリプト 4.2.3

```
1 def ssort(data):
2     for i in range(len(data)):
3         min = i
4         for j in range(i+1, len(data)):
5             if data[min] > data[j]:
6                 min = j
7         # 最小値の位置と現在の要素を交換
8         data[i], data[min] = data[min], data[i]
9     return data
```

```
1 A = create_data(seed=55)
2 print(A)
3 print(ssort(A))
```

実行結果

```
[14, 8, 9, 6, 6, 2, 17, 4, 15, 14, 13, 16, 8, 2, 9, 20, 11, 8, 1, 12]
[1, 2, 2, 4, 6, 6, 8, 8, 8, 9, 9, 11, 12, 13, 14, 14, 15, 16, 17, 20]
```

（c） 挿入ソート

挿入ソート（insertion sort）とは，次のようなアルゴリズムである．

[擬似コード]

1. 先頭の要素は1個しかないので，既にソート済みである．
2. 0番目の要素と1番目の要素の大きさを比較し，順序を適宜交換しながら，全体として昇順になるように並べ替える．
3. 2番目以降最後の要素まで，その要素を昇順にソート済みのリストの適切な位置に挿入し全体として昇順にソートされるようにする．

挿入ソートの実装は，演習とする．

4.2.4 文字列

（1） 文字列の表現

文字列（string）は，シングルクォート「'」，ダブルクォート「"」で囲むことによって表現することができる．両者には違いは無いが，入れ子になっていれば混在して使うことができる（**スクリプト 4.2.4** 参照）．また，複数行にまたがる文字列の場合は，三つのシングルクォート「'''」，あるいは三つのダブルクォート「"""」によって表現できる（**スクリプト 4.2.4** 参照）．後者は，関数のドキュメント（docstring）に利用される．

スクリプト 4.2.4

```
1 string = '''multi-line strings can be written using three single quote
2 characters
3 as well. The string can contain 'single quotes' or "double quotes" inside
4 it.'''
```

```
5 string[0:20], (string+' ')[-20:-1]
```

実行結果

```
('multi-line strings c', 'e quotes"inside it.')
```

[特徴と概要]（文字列）

- 文字列は，データ型として**シーケンス**（sequence）型に分類され，シーケンス型に共通な演算が可能である（**付録 3.** 参照）．**スクリプト 4.2.6** は文字列のスライス演算 seq [start, stop] の例である．start から stop-1 番目までの部分文字列を返す．インデックスが負の数の場合は，末尾からの位置を表す．
- 文字列は，**付録 2.** にあるように変更不可で文字しか含むことができず，機能的には range に近い性質を有する．
- 文字列固有の（インスタンス）メソッドを**付録の表 A.4.2** にまとめている．

（2） 重要な文字列処理

【例 4.2.1】（たぬき暗号） 日本に古くから生息する狸.「その狸たちが，人に分からぬようにやりとりしているのではないか」といわれているのが，この「たぬき言葉」である．その「たぬき言葉」を使って，文章を暗号化・復号する．

スクリプト 4.2.5

```
1  import numpy as np
2
3  def encode(stc, ratio):
4      lgt = len(stc)
5      n_ta = int(lgt * ratio)
6      lst = [np.random.randint(0, lgt) for _ in range(n_ta)]
7      for index, k in enumerate(lst):
8          stc = stc[:index+k] + 'た' + stc[index+k:]
9      return stc
10
11 def decode(crypt):
12     return crypt.replace('た', '')
```

[コードの説明]（スクリプト 4.2.5）

1. encode(stc, ratio) は暗号化関数であり，stc は原文，ratio は全体に対して“た”を挿入する割合であり，浮動小数点数で指定する（#3）．この関数は，“た”が挿入された暗号文を返す（#9）．
2. lgt は原文（平文）の長さ（#4），“た”の挿入個数 'n_ta'（#5）を求め，その挿入位置のリスト lst をリスト内包表記により無作為に設定する（#6）．乱数を生成する関数 randint(0, lgt) で第二引数を lgt + 1 としなかったのは，原文が句点“.”で終わり，句点の後に“た”を挿入したくなかったからである．
3. “た”の挿入位置を表す lst 中の要素 k とそのインデックス index により，原文の index + k 番目の位置に“た”を挿入する（#7-#8）．この処理を実現するため，lst を enumer-

ate 関数に渡し，for 文で lst の要素 k とインデックス index とを同時に取得している（#7）．

4. decode(crypt) は，“た”を取り除いた復号文を返す関数である（#11-12）．

```
1  stc0 = 'きょうのおやつはぷりん．れいぞうこのなかにはいっているよ．'
2  print(f'原文  : {stc0}')
3  crypt = encode(stc0, 0.33)
4  print(f'暗号文: {crypt}')
5  decrypt = decode(crypt)
6  print(f'復号文: {decrypt}')
```

実行結果

```
原文：きょうのおやつはぷりん．れいぞうこのなかにはいっているよ．
暗号文：きょうのおやつはぷりん．れたいぞうこたのなたたたたかにはいってたたいるたよ．
復号文：きょうのおやつはぷりん．れいぞうこのなかにはいっているよ．
```

```
1  stc1 = 'しらさぎじょうって，あのしろいおしろだね．'
2  print(f'原文  : {stc1}')
3  crypt = encode(stc1, 0.8)
4  print(f'暗号文: {crypt}')
5  decrypt = decode(crypt)
6  print(f'復号文: {decrypt}')
```

実行結果

```
原文：しらさぎじょうって，あのしろいおしろだね．
暗号文：しらさぎじょうったてた，あのたたしたたろたいたおたたしたろだたねたたたた．
復号文：しらさぎじょうって，あのしろいおしろだね．
```

4.2.5　タ　プ　ル

（1）タプルとは

タプル（tuple）は，データをカンマ「,」で区切り，括弧 () を用いて閉じたデータである．ただし，1 個のデータからなるタプルは，$(x,)$ のように記載する．理由は，数式の場合，括弧 () は計算・評価の優先順位を変更するために使うので，(x) と標記してしまうと，通常の x と区別がつかないからである．タプルは一度作成すると変更できない**イミュータブル**（immutable）なデータ型である．ただし，既存のタプルを使ってデータを追加することはできる．タプルは，データ型としてシーケンス型に分類され，シーケンス型に共通な演算が可能である（**付録 3.** 参照）．

```
1  tp = (1, [], 'this is a tuple')
2  tp +=  ('a', True, 'another tuple')
3  tp
```

実行結果

```
(1, [], 'this is a tuple', 'a', True, 'another tuple')
```

プログラミングの視点からのタプルの使用法：

- 変更する必要がない場合，更に，誤って変更したくないデータは積極的にタプルで書く．
- タプルはリストより速く生成でき，操作もリストより速い．

プログラムの効率と間違いによるデータの書き換え防止から，『基本は「タプル」を使い，変更の必要がある場合だけ「リスト」を使う』という基本方針が推奨されている．

［特徴と概要］（タプル）

- タプルは，データ型として**シーケンス**（sequence）型に分類され，シーケンスに共通な演算が可能である（**付録 3.**参照）．
- タプルは，リストより生成・操作の時間が速い（その確認は，演習としたい）．
- 行列やベクトルなど，numpy の ndarray の型（shape）は tuple で表現される．
- 関数定義では，複数の値を返すことが可能である．この場合，結果はタプルと解釈される．つまり，a，b，c はタプル（a，b，c）と同じである．

（2） タプル・パッキング，シーケンス・アンパッキング

タプル・パッキング，シーケンス・アンパッキングについては，**2.1.4 項**で簡単に紹介した．ここでは，多様な活用例を紹介する．

【例 4.2.2】（swap の実現）　変数の値の入れ替えはやっかいである．通常のプログラミング言語の場合，新たな変数を介して値の交換を行う．次のプログラムが Python で記述した通常の変数の値の交換プログラムである．

```
1 x = 1; y = 2
2 temp = x
3 x = y
4 y = temp
5 print((x, y))
```

実行結果

```
(2, 1)
```

既に多用しているが，**多重代入文**（multiple assignment statement）は，タプル・パッキング&シーケンス・アンパッキングの典型的例である．次のスクリプトの最初の行でパッキング・アンパキングの機能を使っているが，この機能により変数の値の交換はいとも容易に達成できる．

```
1 x, y = 1, 2
2 x, y = y, x
3 print((x, y))
```

実行結果

```
(2, 1)
```

変数x，yの値を，パッキング・アンパッキングによって，一度で交換することができた．

【例 4.2.3】（ユークリッドの互除法）　例 **2.6.1** の a，b の最大公約数を求める関数では，a を b で割った余りを繰り返し求めるために，パッキング・アンパッキングを使った．

4.2.6 range

（1） rangeとは

文字列やタプルと同様に，**range** は，整数を要素とするイミュータブルなシーケンスを作成するオブジェクトである．range オブジェクトの初期化のデフォルト値は次の通りである．

$$range(start = 0, stop = None, step = 1)$$

start と *stop* で指定された区間のシーケンスが作成される．*step* で要素間の間隔を指定する．*step* は省略可能で，その場合はデフォルト値として1が設定される．また，マイナスの値を指定することも可能である．*start* は省略可能で，その場合はデフォルト値として0が設定される．range の場合，*start*，*stop*，*step* の値を記憶するだけであり，実際の整数列を得たい場合は，list オブジェクトなどに変換する必要がある．

```
1  print(f'(1) range = {range(0,10)}, list(range(0,10)) = {list(range(0,10))}')
2  print(f'(2) set(range(0,10)) = {set(range(0,10))}')
```

実行結果

```
(1) range = range(0, 10), list(range(0,10)) = [0, 1, 2, 3, 4, 5, 6, 7, 8, 9]
(2) set(range(0,10)) = {0, 1, 2, 3, 4, 5, 6, 7, 8, 9}
```

［特徴］（**range**）

- range は，データ型として**シーケンス**（sequence）型に分類され，シーケンスに共通な演算が可能である（**付録 3.** 参照）．
- #2 の set(obj) は，引数として与えられた obj から集合を生成するコンストラクタである．したがって，生成された集合も通常の集合表記に倣い，波括弧 {, } で表される．

（2） rangeの活用事例

range は，for 文などの繰返しに主に用いられる．

【例 4.2.4】（等差数列・等比数列）　次の等差数列，等比数列を range を使って第10項まで表現してみる．

（1）　初項1，公差2の等差数列．一般項 $a_n = 1 + 2(n-1) = 2n - 1\ (n \geq 1)$

（2）　初項3，公比2の等差数列．一般項 $a_n = 3 \cdot 2^{n-1}\ (n \geq 1)$

```
1 N = 10
2 # (1)
3 print('(1) ', [a for a in range(1, 2*N + 1, 2)])
4 print('    ', [2*n -1 for n in range(1, N+1, 1)])
5 # (2)
6 print('(2) ', [3*2**(n -1) for n in range(1, N+1, 1)])
```

実行結果

```
(1)  [1, 3, 5, 7, 9, 11, 13, 15, 17, 19]
     [1, 3, 5, 7, 9, 11, 13, 15, 17, 19]
(2)  [3, 6, 12, 24, 48, 96, 192, 384, 768, 1536]
```

4.2.7 辞書（ディクショナリ）

（1） 辞書とは

辞書（dictionary）は，リスト，タプルと同様コレクション型である（**付録3.**参照）．ただし，リストやタプルと違い，要素の順番に意味がない．代わりに，**キー**（key）と，対応する**値**（value）を持つ．辞書を定義するには波括弧'{}'で各要素を囲み，コロン（:）でキーと値を書きカンマ','で区切る．**スクリプト4.2.2**にフルーツの種類とその価格の辞書を示す．辞書dictのkeyの値を参照する場合は，dic[key] と書く．辞書dictにキーkeyが登録されていない場合は，KeyErrorの例外が発生する．**付録の表A.4.4**に辞書で有用なメソッドの一覧を表で示した．

スクリプト4.2.6

```
1 fruits = {'apple':200, 'melon':2000, 'banana':300, 'orange':100}
2 fruits
```

実行結果

```
{'apple': 200, 'melon': 2000, 'banana': 300, 'orange': 100}
```

（2） 辞書の活用例

【例4.2.5】○年×月△日は何曜日（ツェラーの公式）　Zëllerの公式（1887）を使うと，1582年10月15日以降の場合，日付から曜日を計算することができる．

【ツェラーの公式】　西暦（グレゴリオ暦）y年m月d日の曜日を表すhは

$$h = \left(d + \left\lfloor\frac{26(m+1)}{10}\right\rfloor + Y + \left\lfloor\frac{Y}{4}\right\rfloor - 2\left\lfloor\frac{y}{100}\right\rfloor + \left\lfloor\frac{y}{400}\right\rfloor\right) \bmod 7 \qquad (4.2.3)$$

となる．ここで

- Yはyの下2桁（100で割ったときの余り）
- 1月，2月は前年の13月，14月として計算する．
- 日曜（1），月曜（2），火曜（3），水曜（4），木曜（5），金曜（6），土曜（0）を表す．

スクリプト 4.2.7

```
1  from math import floor
2
3  def zeller(year, month, day):
4      week = {1:'Sunday', 2:'Monday', 3:'Tuesday', 4:'Wednesday', ¥
5              5:'thursday', 6:'Friday', 0:'Saturday'}
6
7      if month <= 2:
8          year = year -1
9          month = month + 12
10     Y = year%100
11     h = (day + floor(26*(month+1)/10) + Y + floor(Y/4) ¥
12          -2*floor(year/100) + floor(year/400))%7
13     return week[h]
```

いまとなっては幻になった東京オリンピック 2020 の本来の開会式，2020 年 7 月 24 日の曜日を調べてみる．金曜日で，合っていた．

```
zeller(2020,7,24)
```

実行結果

```
'Friday'
```

【例 4.2.6】（イソップ童話：アリとキリギリス：**The Ants and the Grasshopper**）　スクリプト **4.2.8** の文字列 story はイソップ童話『アリとキリギリス』の前半部分である．文字を全て小文字に変換し，小ストーリー中の文字の出現頻度を調べる．この童話の結末はどうやら三つあるとのこと．「冬にアリの家にやって来たキリギリスにアリが食料を与えキリギリスが改心した」という内容がよく耳にする結末である．二つ目が，「アリがキリギリスに食料を与えないでキリギリスがアリの家の前で凍え死んだ」という結末である．最後が，「アリの『夏も歌っていたのだから冬も歌えばいいんじゃない？』という質問に，『もう歌うべき歌はすべて歌った．君は僕の亡骸を食べて生き延びればいいよ』」よいう結末である．イソップの教訓とは？

スクリプト 4.2.8

```
1  story = '''In a field one summer's day a Grasshopper was hopping about,
2  chirping and singing to its heart's content. An Ant passed by, bearing
3  along with great toil an ear of corn he was taking to the nest. ... '''
4
5  lst = list(story.lower())
6  aesop = {}
7  for a in lst:
8      if a not in aesop:
9          aesop[a] = 1
10     else:
11         aesop[a] += 1
12
13 aesop_freq = sorted(aesop.items(), key=lambda x:x[1], reverse=True)
14 print(f' length of aesop: {len(story)}¥n occur. of letters: {aesop_freq}')
```

実行結果

```
length of aesop: 202
occur. of letters: [(' ', 38), ('a', 18), ('n', 17), ('t', 14), ('e', 13),
('i', 12), ('s', 12), ('o', 11), ('r', 9), ('g', 9), ('h', 7), ('p', 6),
('.', 5), ('d', 4), ('l', 3), ('w', 3), ('b', 3), ('c', 3), ('f', 2),
('u', 2), ('m', 2), ("'", 2), ('y', 2), (',', 2), ('¥n', 2), ('k', 1)]
```

[コードの説明]（スクリプト**4.2.8**）

1. 文字列を記述するためのシングルクォート（'），ダブルクォート（"）は，複数行に亘る文字列には使えない．複数行の文字列を表記する場合には，#1-#3のようにトリプルクォート（'''）で囲む．トリプルダブルクォート（"""）も使えるが，これは関数やクラスのドキュメントdocstring専用とされ，普通は使用しない．
2. #5の.lower()は文字列のインスタンスメソッドであり，文字列をすべて小文字に変更する．したがって，storyの文字は全て小文字に変更され，list()に渡される．
3. #6の{}は空の辞書を表し空集合ではない．ちなみに，空集合はset()として表記される．aesopはstory中の文字の出現頻度を表す辞書である．
4. #7-#11のforループでは，lst中の文字aが辞書aesopに登録されているか否かに応じて，その出現頻度を更新している．
5. #13では，辞書のキー・値のタプルのリスト（aesop.items()）を副作用のないソート関数（sorted）がキーワード引数keyで指定された関数（辞書のキー・値の値を取り出す関数）によって通常とは逆の降順に（reverse = True）ソートされ，左辺の変数に代入されている．

4.2.8 集　　合

（1） 集合とは

Pythonにおける**集合**（set）は，データをカンマ「,」で区切り，波括弧{}を用いて閉じたデータである．集合は，辞書同様コレクション型である．また，集合はイテラブル・イミュータブルであり，for文に用いることができる（**付録2.**参照）．一週間の曜日を集合で表すと以下となる．

```
1 days_of_the_week = {'Sunday', 'Monday', 'Tuesday', 'Wednesday', ¥
2                     'Thursday', 'Friday', 'Saturday'}
3 weekend = {'Saturday', 'Sunday'}
4 weekday = days_of_the_week - weekend
5 weekday
```

実行結果

```
{'Friday', 'Monday', 'Thursday', 'Tuesday', 'Wednesday'}
```

（2） 集合の活用例

【例 4.2.7】（エラトステネスの篩）［集合版］　次の関数は，エラトステネスの篩(ふるい)を用い，正の整数 n までの素数の集合を構成する関数である．100 までの素数の集合を構成する．

スクリプト 4.2.9

```
 1 def sieve_eratosthenes_set(n): # n is a positive integer and asume n > 2.
 2     primes = {2}
 3     limit = int(n**0.5)
 4     data = {k for k in range(3, n+1, 2)}
 5     while True:
 6         p = min(data)
 7         if limit <= p:
 8             return primes | data
 9         primes.add(p)
10         data = {k for k in data if k%p != 0}
11 
12 ans = set(sorted(sieve_eratosthenes_set(100)))
13 print(f'{100}までの素数の結果（エラトステネスの篩による）：{ans}')
```

実行結果

```
100までの素数の結果（エラトステネスの篩による）：{2, 3, 5, 7, 11, 13, 17, 19, 23,
29, 31, 37, 41, 43, 47, 53, 59, 61, 67, 71, 73, 79, 83, 89, 97}
```

［コードの説明］（スクリプト 4.2.9）

1. primes は素数の集合を表し，#2 で初期設定をしている．
2. #3 の limit は，n までの数が素数がどうかを調べるための上限である．
3. #4 の data は 3 から n までの奇数の集合であり，初期値である．
4. #5 以降がエラトステネスの篩の中心部分である．data の最小値は素数であり（#6），limit 以上であれば primes と残った data の和集合（primes | data）が結果である（#7-#8）．| は集合の和集合を取る演算子である．
5. p が limit 未満であれば，p を素数に追加し（#9），集合内包表記を使い p の倍数を data から篩落としている（#10）．

4.3 グラフの実現とアルゴリズム

問題表現には多様なデータ構造が使用される［Cormen09, Schneider19, Skiena 08］．データ構造に関する詳細は専門書に譲り，本節ではグラフの実装とグラフを用いたアルゴリズムについて述べる．

4.3.1 グラフの実現法（表現法）

グラフには，頂点間に複数の辺（**多重辺**と呼ぶ）や同一頂点間に辺（**自己ループ**と呼ぶ）がある**多重グラフ**と多重辺や自己ループがない**単純グラフ**がある．本書では，簡単化のため単純グラフのみを扱い，以下グラフといった場合には，単純グラフを指すものとする．なお，グラフの定義や術語については，関係する書籍を参照されたい［Asano03, Cormen09］．

グラフの表現法には，次の三つがある．

- **隣接行列表現**：頂点間の辺の有無，あるいは辺の重みを行列で表現する方法
- **隣接リスト表現**：頂点のリストと各頂点と隣接する頂点のリストで表現する方法
- **辺リスト表現**：グラフの辺の情報をリストで表現する方法

（1）　隣接行列表現

定義 4.3.1（グラフの隣接行列）　グラフ $G=(V,E)$ の**隣接行列**（adjacency matrix）とは，n 次の正方行列 M である．ここで，$n=|V|$．各頂点 $v_1,\cdots,v_n$ をインデックス $1,\cdots,n$ に対応させ，M は次で定義される．

$$M[i,j]=\begin{cases}1 & \text{if } (v_i,v_j)\in E\\ 0 & \text{if } (v_i,v_j)\notin E\end{cases} \tag{4.3.1}$$

【例 4.3.1】（有向グラフの隣接行列）　**図 4.3.1（a）**の有向グラフの隣接行列（表形式）は，**図 4.3.1（b）**で与えられる．

無向グラフの場合は「(i,j) 成分の値 $=(j,i)$ 成分の値」であるので，隣接行列は対称行列となる．

グラフが重み付きの場合は，隣接行列表現を拡張し，行列の要素を辺の有無ではなく辺の重みとする表現方法がある．この拡張により，**図 4.3.2（a）**の重み付き有向グラフの隣接行列（表形式）は，**図 4.3.2（b）**で与えられる．

【例題 4.3.2】（Python による隣接行列の実装）　グラフの頂点の数を次数とする正方行列

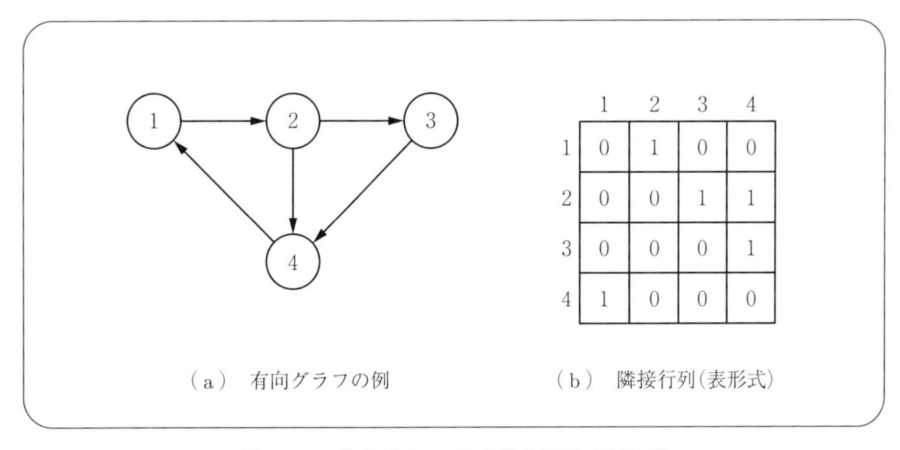

	1	2	3	4
1	0	1	0	0
2	0	0	1	1
3	0	0	0	1
4	1	0	0	0

図 4.3.1　有向グラフのその隣接行列（表形式）

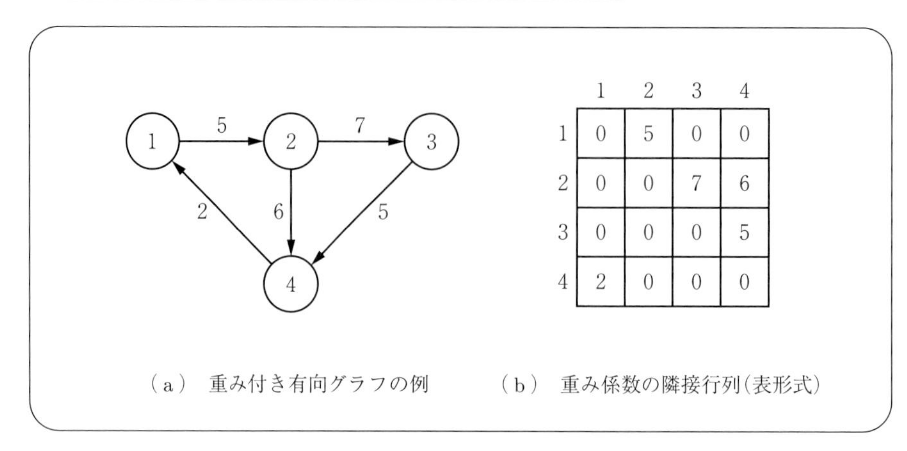

図 **4.3.2**　重み付き有向グラフとその重み係数の隣接行列（表形式）

によって，グラフを表現する．頂点間の辺の有無だけが問題になる場合は 0，1 の値をとる行列，あるいは真理値をとる行列を採用する．真理値を採用した行列表現の場合，**例 4.3.3** で紹介するように，頂点間の到達可能性を行列の積で判定することができる．一方，頂点間の重みが必要な場合は 0，1 に代わって重みの値が行列の値となる．

図 **4.3.2** の重み付き隣接行列を NumPy の配列で表現すると**スクリプト 4.3.1** となる．NumPy は行列や統計などの学術計算を行うための外部ライブラリであり，np.array() は NumPy の多次元配列（ndarray）を生成する関数である．その引数には行列の行をリストで表現した二重リストを渡す．

スクリプト 4.3.1

```
1  import numpy as np
2
3  G = np.array([#1  2  3  4
4                [0, 5, 0, 0], # 1
5                [0, 0, 7, 6], # 2
6                [0, 0, 0, 5], # 3
7                [2, 0, 0, 0]])# 4
8  print(G)
```

実行結果

```
[[0 5 0 0]
 [0 0 7 6]
 [0 0 0 5]
 [2 0 0 0]]
```

隣接行列を用いると，グラフの頂点の数を n とすると，どのようなグラフであっても $O(n^2)$ の記憶領域を必要とする．したがって，隣接行列は辺の数が多いグラフに適しており，辺の数が少ないグラフの場合には記憶領域の効率が悪い．

（2） 隣接リスト表現

グラフの隣接リスト表現は，以下のように定義される．

定義 4.3.2（グラフの隣接リスト）　グラフ $G = (V, E)$ の**隣接リスト**（adjacency list）とは，次のリストである．

$$[(v_1, L_1), \cdots, (v_i, L_i), \cdots, (v_n, L_i)]$$

ここで，$v_i \in V$，$n = |V|$，また L_i は v_i に隣接する頂点のリスト（有向グラフの場合は，v_i から出る頂点のリスト）を表す．

（3）　辺リスト表現

定義 4.3.3（グラフの辺リスト）　グラフ $G = (V, E)$ の**辺リスト**（edge list）とは，次のリストである．

$$[e_1, \cdots, e_i, \cdots, e_m]$$

ここで，$e_i \in E$，$m = |E|$，$e_i = (v_{i0}, v_{i1})$．

4.3.2　到達可能性問題

定義 4.3.4（グラフの到達可能性問題）　グラフの**到達可能性問題**（reachability problem）とは，グラフ（有向グラフ，無向グラフの別を問わない）が与えられたとき，**出発点**（source）から**到達点**（destination）へ到達可能か否かを問う問題である．

【例 4.3.3】（有向グラフの真理値行列による表現：到達可能性）　到達可能性に関し，有向グラフを真理値 True, False の行列によって表現する．例えば，図 **4.3.3** の有向グラフに関し，グラフの頂点を 0 から 7 までの数で表し，頂点 i から頂点 j に有向辺がある場合には True，ない場合は False とする．自分自身には明らかに直接到達可能なので，True とする．

グラフ表現に関し，隣接行列表現の場合グラフの頂点の数が n の場合，n^2 の記憶領域を必要とする．グラフが粗，つまり辺の数が完全グラフの辺の数 $n(n-1)$ に比べて極めて小さい場合，隣接行列表現は非効率な表現となる．しかし，到達可能性を計算するには，真理値表現の隣接表現が必要となる．そこで，グラフの辺リスト表現と隣接行列の相互変換関数を定義する．

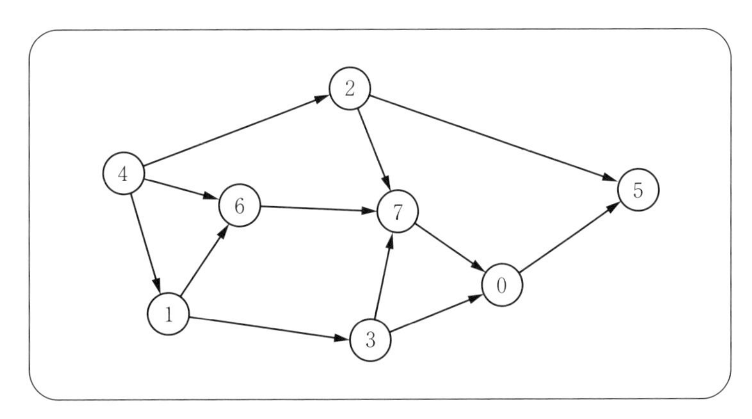

図 **4.3.3**　有向グラフ

（1）　辺リスト表現から隣接行列への変換関数　　**スクリプト 4.3.2** の関数 edge2mat は，頂点数 n のグラフの辺リスト表現 E を隣接行列 G に変換する関数である．diag は隣接行列の対角成分を True とするか否かのキーワード引数であり，デフォルトは False である．

スクリプト 4.3.2

```
 1 def edge2mat(n, E, diag=False):
 2     T, F = True, False
 3     arr = [[F] * n] * n
 4     G = np.array(arr)
 5     for tp in E:
 6         G[tp] = T
 7     if diag:
 8         for i in range(n):
 9             G[i,i] = T
10     return G
```

[コードの説明]（**スクリプト 4.3.2**）

1. グラフの頂点は，0 から n-1 の整数でラベル付けされていると仮定している．
2. arr は隣接行列の行をリストで表現した二重リストであり（#3），np.array に渡され要素がすべて False の隣接行列 G の初期値を設定する（#3）．
3. #5-#6 の for ループで，辺リストの辺に対応した行列の成分の値を True としている．

（2）　隣接行列から辺リストへの変換関数　　（1）とは逆に，隣接行列 G を辺リスト lst に変換する関数が**スクリプト 4.3.3** の mat2edge である．

スクリプト 4.3.3

```
 1 import itertools
 2 
 3 def mat2edge(G, diag=False):
 4     lst = []
 5     n = len(G)
 6     for tp in itertools.product(range(n), range(n)):
 7         if G[tp] == True:
 8             if diag:
 9                 lst += [tp]
10             else:
11                 if tp[0] != tp[1]:
12                     lst += [tp]
13     return lst
```

[コードの説明]（**スクリプト 4.3.3**）

1. **イテレータ**（iterator）とは，順次次の要素にアクセスすることを繰り返すインターフェースのことを指し，その機能を提供するのがモジュール itertools である．
2. #4 で初期化されている lst は，関数の結果である辺リストを表す変数である．
3. #5 の n は行列の行の数を表し，正方行列として表現される隣接行列の次元に相当する．

4. #6 の product(A, B) は，itertools の関数で，シーケンス A，B の直積 $A \times B$ をイテレータとして返す関数である．その結果，#6-12 の for ループでは，隣接行列の成分を表す tp によって，グラフの辺の情報が lst に追加されていく．
5. 関数が返すリストは lst である（#13）．

図 4.3.3 の有向グラフに適用する．次のスクリプトは，グラフの辺リスト E を隣接行列に変換し，さらに変換された隣接行列を辺リストに変換し，出力している．同じになった．

```
1  E = [(0,5),(1,3),(1,6),(2,5),(2,7),(3,0),(3,7),(4,1),(4,2),(4,6),(6,7),
2  (7,0)]
3  print(mat2edge(edge2mat(8, E)))
```

実行結果

```
[(0, 5), (1, 3), (1, 6), (2, 5), (2, 7), (3, 0), (3, 7), (4, 1), (4, 2),
(4, 6), (6, 7), (7, 0)]
```

```
1  F = edge2mat(8, E, False)
2  G = edge2mat(8, E, True)
3  G[4,1], G[4,2], G[4,6], G[4,7], G[7,0], G[7,5]
```

実行結果

```
(True, True, True, False, True, False)
```

辺リスト表現 E から生成された隣接行列表現のグラフ F と G の違いは，対角線要素が 0（F の場合）か 1（G の場合）かである．F は頂点自分自身へは到達できないという解釈であり，到達可能とする G とは異なる．対角線要素以外は，F と G はまったく同じである．さて，頂点 4 から 1 ステップで到達可能な頂点は 1，2，6 なので，G[4, 1] = G[4, 2] = G[4, 6] = True になっている．また，頂点 7 から頂点 0 へ有向辺が伸びているので，G[7, 0] = True である．しかし，4 から 7，7 から 5 へは直接行けないので，G[4, 7] = G[7, 5] = False となっている．

```
1  F2 = np.dot(F, F)
2  G2 = np.dot(G, G)
3  print(f'F2: {mat2edge(F2)}')
4  print(f'nodes reachable from 4 by 2 steps: ¥
5  {[tp for tp in mat2edge(G2, True) if tp[0] == 4]}')
```

実行結果

```
F2: [(1, 0), (1, 7), (2, 0), (3, 0), (3, 5), (4, 3), (4, 5), (4, 6), (4, 7),
(6, 0), (7, 5)]
nodes reachable from 4 by 2 steps:[(4, 1), (4, 2), (4, 3), (4, 4), (4, 5),
(4, 6), (4, 7)]
```

$F^2 = F \cdot F$，$G^2 = G \cdot G$ を求める．これらの行列は，それぞれは，ちょうど 2 ステップで到達可能なグラフの状況，2 ステップ以内で到達可能なグラフの状況を表す．グラフの頂点の数は 8 なので．

$G^7 = F\ or\ F^2\ or \cdots or\ F^7 + I_7$ を満たす．ここで，I_n は n 次の正方行列で，対角線要素だけが True となる行列である．以上から，グラフの到達可能性を表す行列は，**スクリプト 4.3.4** によって生成できる．

スクリプト 4.3.4

```
1  G_reachable = G
2  for _ in range(len(G)-1):
3      G_reachable = np.dot(G_reachable, G)
4  print(mat2edge(G_reachable))
```

実行結果

```
[(0, 5), (1, 0), (1, 3), (1, 5), (1, 6), (1, 7), (2, 0), (2, 5), (2, 7),
(3, 0), (3, 5), (3, 7), (4, 0), (4, 1), (4, 2), (4, 3), (4, 5), (4, 6),
(4, 7), (6, 0), (6, 5), (6, 7), (7, 0), (7, 5)]
```

4.3.3 グラフ問題：ダイクストラの最短経路アルゴリズム

定義 4.3.5（グラフの最短経路問題）　グラフの**最短経路問題**（shortest path problem）とは，コストを重みとするグラフ（有向グラフ，無向グラフの別を問わない）が与えられたとき，出発点（source）から到達点（destination）へのコスト最小の経路とそのコストを問う問題である．コストとしては，距離や時間などが考えられる．

グラフのコストがすべて非負の場合，必ず最小コストの経路を求める**ダイクストラの最短経路アルゴリズム**（Dijkstra's shortest path algorithm）が有名である［Asano03, Cormen09］．同アルゴリズムは，すべての頂点を対象に出発点からの最小のコストとその経路を求めることができる．本手法はアルゴリズム的には貪欲法に分類され，そのつど最良の選択を行う方法である．擬似コードを次に示す．

[擬似コード]（ダイクストラの最短経路アルゴリズム）

1. 初期化：出発点のコストを 0（最小コスト），他の頂点への値を未定義（または無限大 ∞）に設定する．つまり，出発点を確定頂点，それ以外を未確定頂点とする．
2. 新規に確定頂点が選択できなくなるまで，以下の処理を繰り返す：
   A. 未確定頂点のうち，（出発点からの）コスト最小の頂点を選択し，確定頂点とする．
   B. 新規確定頂点の隣接頂点に対し，「確定頂点のコスト ＋ 隣接辺のコスト」が隣接点のコストより小さければ，隣接点のコストを更新する（最短経路情報も必要であれば，「隣接点の前の頂点」を新規確定点に設定する）．
3. 最短経路については，到達点から「隣接点の前の頂点」を逆順に辿り，最終的にそのリストを逆順にすることで，出発点から到達点への経路を得る．

[ダイクストラ法の特徴]

- 負のコストの辺があるグラフには適用不可．コストが非負であれば，最適解を与える．
- 特定の出発点からの最短コストとその経路をすべての頂点に対して求めることが可能．
- アルゴリズム的には貪欲法に分類され，その時点で最良の候補を選択する方法である．

[ダイクストラ法の実装と設定]

スクリプト 4.3.5 は，無向グラフに対するダイクストラの最短経路アルゴリズムの実装である．dijkstra(G, start) が実装した関数である．G は無向グラフ，start は開始頂点である．G は無向辺（a, b）をキー，その間のコストを値とする辞書として与えられているとする．関数は，頂点をキー，開始点からその頂点への最短コストを値とする辞書 D（Determine），及び頂点とキー，最短経路によるその頂点の前の頂点を値とする辞書 Prev を結果として返す．

[設定]

G：{…, (a, b) : cost, …}，ここで，(a, b)：無向辺，cost：そのコスト

S：{…, a : pseudo_cost, …}，ここで，a：頂点，pseudo_cost：開始点からその頂点への最短候補コスト D：{…, a : total_cost, …}，ここで，a：頂点，total_cost：開始点からその頂点への最短コスト

Prev：{…, a : b, …}，ここで，a：頂点，b：最短経路に a の前の頂点

スクリプト 4.3.5

```
1  Inf = float('inf')
2
3  def dijkstra(G, start): # for an undirected graph
4      def select_min(S):
5          min_cost = Inf
6          for node in S:
7              if S[node] < min_cost:
8                  node_min, min_cost= node, S[node]
9          return node_min
10
11     def edge(G, node):
12         E = {(b, G[(a,b)])  for (a,b) in G if a==node} | ¥
13             {(a, G[(a,b)])  for (a,b) in G if14 b==node}
14         return E
15
16     S, D, Prev = {start:0}, {}, {}
17 #   print(f'候補：{S}  確定：{D}') # delete # for debug
18     while len(S) > 0: # S is not {}:
19         node = select_min(S)
20         cost = S[node]
21         del S[node]
22         D[node] = cost
23
24         for (adj, weight) in edge(G, node): # adj:隣接頂点(adjacent)
25             if adj in S:
26                 if S[adj] > cost + weight:
27                     S[adj] = cost + weight
28                     Prev[adj] = node
29             elif adj not in D:
```

```
30                  S[adj] = cost + weight
31                  Prev[adj] = node
32  #       print(f'候補：{S}  確定：{D}') # delete # for debug
33      return D, Prev
34
35  def find_shortest_path(start, goal, Prev):
36      path = [goal]
37      node = goal
38      while node != start:
39          node = Prev[node]
40          path.insert(0, node)
41      return path
```

［コードの説明］（スクリプト **4.3.5**）

1. select_min(S) は，最短コスト未確定な頂点の集合（辞書として表現）S から出発点からのコスト最小の頂点を探索する関数である（#4-#9）．#5 では，出発点からの最小コストの初期値として，無限大 Inf を設定している（#1）．
2. edge(G, node) は，無向グラフ G と頂点 node から，node の隣接頂点とその辺の重みからなるタプルの集合を返す関数である（#11-#14）．集合内包表記を採用した．また，「|」は集合和を取る演算子である．
3. G が有向グラフの場合は，#12 だけの集合を考慮すればよい．
4. #17 からメインのアルゴリズムが始まる．スクリプトは，擬似コードに沿った．S が空になるまで while ループを繰り返す（#18-#32）．その前に，#16 でアルゴリズムのフローを制御する変数の初期設定を行う．貪欲アルゴリズムに従い，その時点でのコスト最小の頂点を確定している（#19-#22）．#21 は，辞書 S からキー node の項目を削除する一文である．
5. #24-#31 が，コスト最小として確定した頂点の隣接頂点 adj に対する処理である．adj が S ですでに登録されていれば，辺（node, adj）を経由したコスト cost ＋ weight と経由しないコスト S[adj] が比較され，コストがより少ない方が選択される．#28, #31 は，最短経路における Prev のそれぞれ更新と新規登録である．
6. #35 から始まる関数 find_shortest_path（start, goal, Prev）は，Prev のもと，start から goal までのパスを求める関数である．関数本体で，リストとして表記された path の先頭に node を挿入するため，リストのインスタンスメソッド insert を先頭への挿入を意味するパラメータ 0 を指定して使用した．

アルゴリズムの実装を具体的なグラフに適用する．**スクリプト 4.3.6** では，グラフ描画のパッケージ networkx を使い，グラフを描画している．#4 で無向グラフのオブジェクト G を作成し，頂点の追加（#5），重み付き無向辺をグラフに追加設定する（#6-#8）．#9 では，頂点の描画位置を x, y 座標軸で設定する．#10 は，辺ラベルの設定である．#11 以降は，グラフ描画部分である．その詳細な仕様は，networkx のマニュアルに譲る．

スクリプト **4.3.6**

```
1   import networkx as nx
2   import matplotlib.pyplot as plt
3
4   G = nx.Graph()
5   G.add_nodes_from(list('ABCDE'))
6   G.add_weighted_edges_from([
7       ('A','B',4), ('A','D',2), ('B','C', 5), ('B','D',1),
8       ('B','E',2), ('C','E',2), ('D','E',4)])
9   pos = {'A':(0,0), 'B':(2,0), 'C':(4,0), 'D':(1,-2), 'E':(3,-2)}
10   edge_labels = {(a,b): w['weight'] for a, b, w in G.edges(data=True)}
11   plt.figure(figsize=(3,2))
12   nx.draw_networkx_nodes(G, pos, node_size=300, node_color='white', ¥
13                          edgecolors='black') # ノードを描画
14   nx.draw_networkx_edges(G, pos, width=1) #エッジを描画
15   nx.draw_networkx_labels(G, pos) # (ノードの) ラベルを描画
16   nx.draw_networkx_edge_labels(G, pos, ¥
17                                edge_labels=edge_labels) #エッジのラベルを描画
18 plt.show()
```

実行結果

A —4— B —5— C
A —2— D, B —1— D, B —2— E, C —2— E
D —4— E

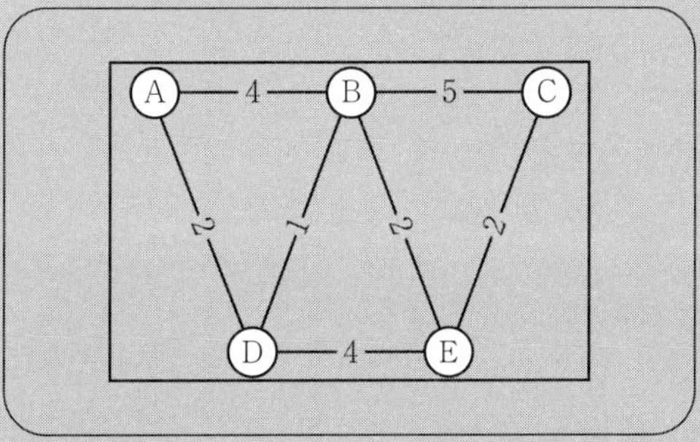

start A から goal C への最短コストとその経路を求める．コスト：7．最短経路：A，D，B，E，C が帰ってきた．

```
1 a='A'; b='B'; c='C'; d='D'; e='E'
2 G = {(a,b):4, (a,d):2, (b,c):5, (b,d):1, (b,e):2, (c,e):2, (d,e):4}
3
4 start = a
5 goal = c
6 D, Prev = dijkstra(G, start)
7 path = find_shortest_path(start, goal, Prev)
8 print(f'cost of shortest path from {start} to {goal}: {D[goal]}')
9 print(f'the sortest path: {path}')
```

実行結果

```
cost of shortest path from A to C: 7
the sortest path: ['A', 'D', 'B', 'E', 'C']
```

もう少し，複雑なグラフに挑戦する．

スクリプト **4.3.7**

```
1  import networkx as nx
2  import matplotlib.pyplot as plt
3
4  G = nx.Graph()
5  G.add_nodes_from(list('ABCDEFGH'))
6  G.add_weighted_edges_from([
7      ('A','B',1), ('A','C',7), ('A','D',2), ('B','E',2), ('B','F',4),
8      ('C','F',2), ('C','G',3), ('D','G',5), ('E','F',1),
9      ('F','H',4), ('G','H',2)])
10 pos = {'A':(0,0), 'B':(1,2), 'C':(2,0), 'D':(1,-2), ¥
11        'E':(3,2), 'F':(4,0), 'G':(4,-2), 'H':(6,0)}
12 edge_labels = {(a,b): w['weight'] for a, b, w in G.edges(data=True)}
13 plt.figure(figsize=(5,3))
14 nx.draw_networkx_nodes(G, pos, node_size=300, ¥
15                        node_color='white',edgecolors='black') # ノードを描画
16 nx.draw_networkx_edges(G, pos, width=1) # エッジを描画
17 nx.draw_networkx_labels(G, pos) # （ノードの）ラベルを描画
18 nx.draw_networkx_edge_labels(G, pos, ¥
19                              edge_labels=edge_labels) # エッジのラベルを描画
20 plt.show()
```

実行結果

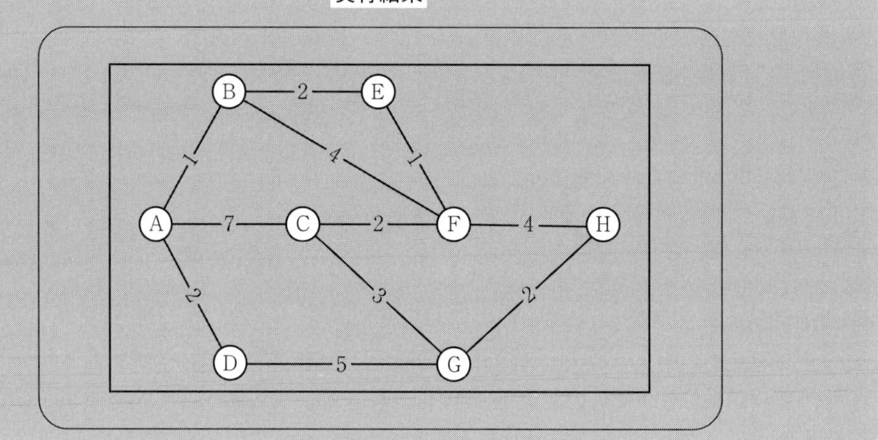


```
1  a='A'; b='B'; c='C'; d='D'; e='E'; f='F'; g='G'; h='H'
2  G = {(a,b):1, (a,c):7, (a,d):2, (b,e):2, (b,f):4, (c,f):2, ¥
3       (c,g):3, (d,g):5, (e,f):1, (f,h):4, (g,h):2}

4  start = a
5  goal = h
6  D, Prev = dijkstra(G, start)
7  path = find_shortest_path(start, goal, Prev)
8  print(f'cost of shortest path from {start} to {goal}: {D[goal]}')
9  print(f'the sortest path: {path}')
```

実行結果

```
cost of shortest path from A to H: 8
the sortest path: ['A', 'B', 'E', 'F', 'H']
```

4.4 オブジェクト指向

この節では，オブジェクト指向におけるオブジェクトとクラスの役割について簡単に触れる．オブジェクト指向プログラミングの詳細については，7章で展開する．

4.4.1 オブジェクト指向プログラミングとは

オブジェクト指向プログラミングにおいて，**オブジェクト**（object）とはデータのことであり，さらにデータがどのように振る舞うかを規定した一連の関数群でもある．この関数を**メソッド**（method）と呼ぶ．オブジェクト指向型プログラミングは，オブジェクトをプログラムの中心に据えたプログラミングの流儀である．似たようなオブジェクトは**クラス**（class）としてまとめられ，言わば，クラスはオブジェクトの設計図に相当する．

4.4.2 データ構造スタックとキュー

データ構造スタックとキューのイメージを図**4.4.1**に示す．

スタック（stack）は，要素の取り出し・挿入・削除を最後尾に限定したLIFOのデータ構造である†．LIFO（Last In, First Out）とは，「最後に入ったものが最初に出ていく」という意味である．スタックでは，要素を挿入する（積む）操作をpush，要素を取り出す（削除する）操作をpopという．また，リストの先頭（頂上）をtopと呼ぶ．スタックは，配列あるいは連結リストなどを用いて実装し，要素の取り出し・挿入・削除は$O(1)$で実行できる．

キュー（Queue）は，要素の挿入を最後尾，取り出し・削除を最前列に限定したFIFOのデータ構造である．FIFO（First In, First Out）とは「最初に入ったものが最初に出ていく」という意味である．キューでは，要素を挿入する操作をenqueue，要素を取り出す（削除する）操作をdequeueという．また，リストの先頭をfront，最後尾をrearと呼ぶ．キューは，両方向連結リストに最後尾へのポインタを追加すれば実現できる．キューも，要素に関する操作は$O(1)$で実行できる．

† 前後をどう定めるかに依存するが，ここでは，下方向を前，上方向を後ろとする．

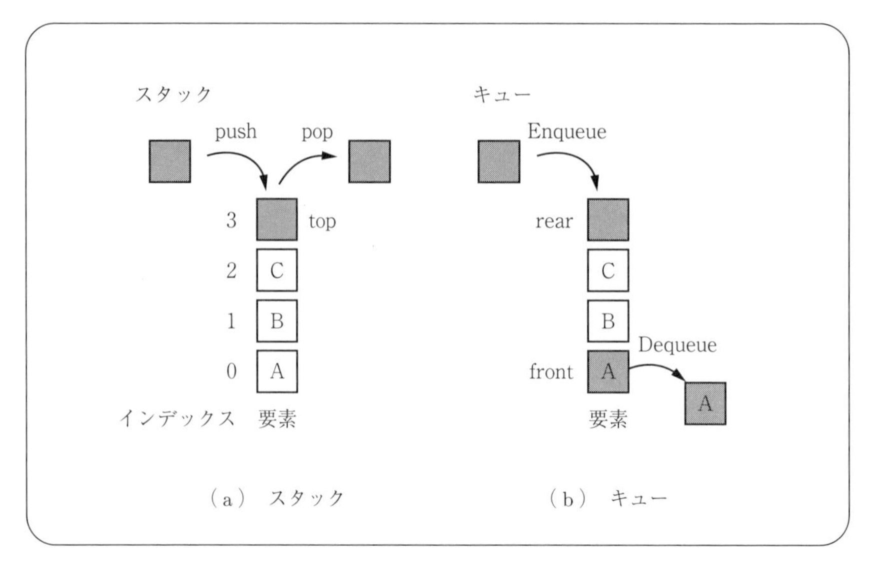

図 4.4.1　スタックとキュー

4.4.3　スタックのクラス定義と応用

データ構造**スタック**（stack）をクラスとして定義し，その有用性を逆ポーランド記法の評価に適用してみる．データ構造としてのスタックの詳細については，［Asano03，Cormen09］を参照されたい．

（1）クラス Stack の定義

スクリプト 4.4.1

```
 1 class Stack(object):
 2     def __init__(self):
 3         self.stack = []
 4 
 5     def get_stack(self):
 6         return self.stack
 7 
 8     def is_empy(self):
 9         return not self.stack # self.stack == []
10 
11     def push(self, item):
12         self.stack.append(item)
13 
14     def pop(self):
15         if not self.stack: # len(self.stack) < 1:
16             return None
17         return self.stack.pop()
18 
19     def size(self):
20         return len(self.stack)
21 
```

```
22      def __repr__(self):
23          return f'{self.stack}'
```

[コードの説明]（スクリプト**4.4.1**）

1. #1 予約語 class の後の記述 Stack（object）は，クラス名 Stack の定義であり，インデントされたスクリプト全体がクラス定義本体である．object はクラス名であり，Stack は object の派生クラス（サブクラス）であることを宣言している（Python では，object はすべてのクラスの基底クラスであり，どのクラスも object の派生クラスとしている．クラスのインスタンスはオブジェクトであり，上述した object とは意味が異なる）．
2. __init__ は**イニシャライザ**（initializer）あるいは**コンストラクタ**（constructor）と呼ばれ，クラスのインスタンスを作成・初期化するメソッドである．空リストに設定している（#2-#3）．self はこのクラスから作られるインスタンスを表し，インスタンスメソッドの第一引数は self でなければならない．self.stack の stack は**インスタンス属性**（instance attribute），あるいは**インスタンス変数**（instance variable）と呼ばれる．
3. get_stack は，スタックの中身を返すメソッドである（#5-#6）．通常，**ゲッター**（getter）と呼ばれる．
4. is_empty は，スタックが空かどうかを尋ねるメソッドである．戻り値は，ブール値である（#8-#9）．
5. push は，スタックのトップ（最後尾）に引数で指定された要素 item を積むメソッドである（#11-#12）．リストのメソッド append() を使い実装している．
6. pop は，スタックのトップ要素を返し，この要素をスタックから削除するメソッドである．空であれば，要素がないことを表す None を返す（#14-#17）．オブジェクトの中身 self.stack がリストであることから，リストのメソッド pop() を使って実装している．
7. 最後のメソッド size() はスタック・サイズを返すメソッドであり，組み込み関数 len() により実装している（#19-#20）．また，スクリプト全体を通して（該当するのは 2ヶ所），真偽値を期待する箇所では空リスト [] は False と解釈されることを活用している [PEP8]．

（2） Stack の応用（逆ポーランド記法の評価）

算術式 $(1+2)\times(3-4)$ を逆ポーランド記法に変換し，クラス Stack を用いて評価する．

(2a) 逆ポーランド記法とは

数式表現の場合，演算子をどの位置に書くかによって，前置記法（前置表現），中置記法（中置表現），後置記法（後置表現）の三つの記法（表現）がある．

- **前置記法**（prefix notation）：被演算数（オペランド）の前に演算子を置く書き方（+ 1 2）．一般の関数記述 $f(x, y)$，三角関数 $\sin(\theta)$，対数関数 $\log_2(x)$ など，次の中置記法以外の数式表現が前置記法を採用している.

- **中置記法**（infix notation）：被演算数の間に演算子を置く書き方（1 + 2）．通常の 2 項演算子 +, -, ＊, / などがこの表記法を採用している.
- **後置記法**（postfix notation）：被演算数の後に演算子を置く書き方（1 2 +）．通常，この記法は余り採用されていない．逆ポーランド記法（Reverse Polish Notation : RPN）は，演算子をオペランドの後に記述する後置記法のことである.

（2b）　逆ポーランド記法への変換

［変換アルゴリズム］（数式→二分木）　　数式 E を変換した二分木を $tree(E)$ で表す．また，節点 op，左部分木 $left$，右部分木 $right$ からなる 2 分木を $tr(left, op, right)$ で表す．E を変換対象の数式とする.

1. $E = A\ op\ B$ の場合，$tree(E) = tr(tree(A), op, tree(B))$.
2. $E = n$（数）の場合，$tree(E) = n$.
3. $E = (F)$ の場合，$tree(E) = tree(F)$.
4. E がトップレベルで複数の演算子からなる式の場合，式中で最も右にありかつ最も優先順位が低い演算子を op，その左の式を F，右の式を G とすると，$tree(E) = tr(tree(F), op, tree(G)$.

［変換アルゴリズム］（二分木→逆ポーランド記法）　　二分木の節点を巡回（traverse）して，二分木から逆ポーランド記法に変換する.

帰りがけ順（後行順序訪問/postorder traversal）

1. ある節点 N にたどり着いたら，節点 N の左の子の節点 L のデータを読む．節点 L が部分木を持てば，1.を繰り返す
2. 節点 N の右の子の節点 R のデータを読む．節点 R が部分木を持てば，1.を繰り返す.
3. 節点 N のデータを読む.
4. 節点 N の親節点へ戻る.

（2c）　逆ポーランド記法の評価

［評価アルゴリズム］　逆ポーランド記法を左から右にスキャンし

1. 数ならスタックに積む.
2. 演算子ならばスタックのトップ 2 個分を pop し，演算を施してその結果をスタックに積む.
3. これらの操作を記法の最後まで行い，最後の数が結果である.

以上の評価アルゴリズムに基づいた関数を**スクリプト 4.4.2** に示す．関数 rpn は文字列で与えられた逆ポーランド記法 expr の評価関数であり，上記評価アルゴリズムの実装である．関数 test は実際の逆ポーランド記法 "3 7 + 6 2 1 - ＊ +" に対するテスト関数である.

スクリプト 4.4.2

```
1  def rpn(expr):
2      ops = {
3          '+': (lambda x, y: x + y),
4          '-': (lambda x, y: x - y),
5          '*': (lambda x, y: x * y),
6          '/': (lambda x, y: float(x) / y)
7      }
8      tokens = expr.split()
9      stack = Stack()
10     print(f'RPN: {tokens}')
11     print(f'0. stack: {stack}')
12
13     for index, token  in enumerate(tokens):
14         print(f'{index+1}. elm: {token}; ', end='')
15         if token not in ops.keys():
16             stack.push(int(token))
17             print(f'stack: {stack}')
18             continue
19         arg2 = stack.pop()
20         arg1 = stack.pop()
21         result = ops[token](arg1, arg2)
22         stack.push(result)
23         print(f'{arg1} {token} {arg2} = {result}, ', end='')
24         print(f'stack: {stack}')
25     ans = stack.pop()
26     return ans
27
28 def test():
29     ans = rpn("3 7 + 6 2 1 - * +")
30     print(f"ans: {ans}; OK" if ans == 16 else "NG")
31
32   test()
```

実行結果

```
RPN: ['3', '7', '+', '6', '2', '1', '-', '*', '+']
0. stack: []
1. elm: 3; stack: [3]
2. elm: 7; stack: [3, 7]
3. elm: +; 3 + 7 = 10, stack: [10]
4. elm: 6; stack: [10, 6]
5. elm: 2; stack: [10, 6, 2]
6. elm: 1; stack: [10, 6, 2, 1]
7. elm: -; 2 - 1 = 1, stack: [10, 6, 1]
8. elm: *; 6 * 1 = 6, stack: [10, 6]
9. elm: +; 10 + 6 = 16, stack: [16]
ans: 16; OK
```

[コードの説明]（スクリプト **4.4.2**）

1. 辞書を用いて，四則演算子を登録．演算の定義には，無名関数の λ 記法を利用（#2-#7）
2. 入力 expr（データ型は文字列）をインスタンスメソッド split() により，トークンのリストに分割（#8）．split メソッドの場合，引数を省略したデフォルトでは空白文字で分割する．空白文字にはスペースや改行 \n，タブ \t が含まれ，連続する空白文字はまとめて処理される．

3. Stack のコンストラクタ Stack() によりスタックのインスタンスを生成し，変数 stack に代入（#9）．
4. トークンとスタックの初期状態を出力（#10-11）．
5. 評価アルゴリズムの処理本体（#13-24）．処理の順番を表示するため（#15），#14 では，**スクリプト 4.2.5** と同様に，enumerate 関数を用いて，トークン token そのインデックス index を利用．token が演算子の場合は演算結果，そして stack の状態を表示するため，print 関数内で end = '' のようにキーワード引数 end を指定し改行を避けている（#14）．
6. token が演算子でない場合（#15）は数なので，int で数に戻し，スタックに積んで，スタックの状態を出力（#17）．#19 以降は token が演算子の場合なので，continue で #19 以降を飛ばし，次のトークンの処理を継続する．
7. #19-#24 は token が演算子の場合であり，その処理は評価アルゴリズムのとおりである．
8. スタックに残った値を最終結果として返す（#26）．

4.4.3 キューのクラス定義と応用

スタックと同様に，データ構造キューについてクラスとして定義し，タスク管理実行のラウンドロビンスケジューリングに応用する．

（1） クラス Queue の定義

スクリプト 4.4.3

```
 1 class Queue:
 2     def __init__(self):
 3         self.queue = []
 4 
 5     def get_queue(self):
 6         return self.queue
 7 
 8     def is_empty(self):
 9         return self.queue == []
10 
11     def enqueue(self, item):
12         self.queue.append(item)
13 
14     def dequeue(self):
15         if len(self.queue) < 1:
16             return None
17         return self.queue.pop(0)
18 
19     def size(self):
```

```
20          return len(self.queue)
```

[コードの説明]（スクリプト**4.4.3**）

1. Queueのクラス定義は，全体としてStackとほぼ同様である．
2. クラス定義において，今回はobject並びに括弧（）を省略した（#1）．省略してもしなくとも，クラス定義には影響がない．
3. get_queue()，is_empty()，enqueue()，dequeue()，size() は，スタックのそれぞれget_stack()，is_empty()，push()，pop()，size() に対応するメソッドである．
4. is_emptyの定義をStackの場合とは少し変えている（#8–#9）．
5. Stack，Queueともリストで実装し，リストの最後の要素が最後尾に対応するので，enqueueとStackのpushの違いはない（#11–#12）．
6. 一方，dequeueはStackのpopとは異なる．popがトップ要素（最後尾）の要素を返すのに対して，dequeueは先頭要素を返す．その要素を削除することは両者同様．この違いがあるため，その実装でもpopはリストで実装されたスタックの最後の要素を削除しその要素を取り出している．(self.stack.pop()）に対して，dqueueは先頭の要素を削除してその要素を返している．(self.queue.pop(0)．ここで，pop(0) は指定した位置0の要素を削除し値を取り出すメソッドであるのに対して，pop() は最後の要素を削除しその値を取り出すメソッドである．

（2） Queueの応用：ラウンドロビン・スケジューリング

ラウンドロビン・スケジューリング（round-robin scheduling）は，オペレーティングシステムなどのプロセスに関するスケジューリング規則である．実行可能状態のプロセスに，順番にプロセッサを割り当てる．ラウンドロビン・スケジューリングはネットワークのスケジューリングなどにも適用可能である．プロセッサの割り当て時間の単位を**クォンタム**（quantum）と呼ぶ．今，A～Dまでの4つのプロセスがあり，それらの終了所要時間をms単位で以下の括弧内の数とする．

A(150), B(180), C(200), D(200), q = 100

クォンタムを100msとし，AからDへの順番でそれぞれのプロセスに最大で100msのCPUタイムを割り当てる．終了したプロセスはキューから削除されるが，まだ終わらないプロセスは再度キューに追加され，次のCPU割り当てを待つ．プログラムでは，プロセスの状態を辞書で表す．

```
1 procs = {'A':150, 'B':180, 'C':200, 'D':200}
2 procs
```

実行結果

```
{'A': 150, 'B': 180, 'C': 200, 'D': 200}
```

キーをプロセス名，値を終了までの所要時間とする辞書である．初めに，Queueを初期化し，初期プロセス群を設定する．

スクリプト 4.4.4

```
1 queue = Queue()
2 for key in procs:
3         queue.enqueue(key)
4 queue.get_queue()
```

実行結果

```
['A', 'B', 'C', 'D']
```

スクリプト 4.4.5

```
 1 q = 100
 2 elaps = 0
 3 print(f'elaps:{elaps}; queue:{queue.get_queue()}; {procs}')
 4
 5 while queue.size() > 0:
 6     proc = queue.dequeue()
 7     time = min(q, procs[proc])
 8     procs[proc] -= time
 9     elaps += time
10     if procs[proc] > 0:
11         queue.enqueue(proc)
12     else:
13         print(f'elaps:{elaps}; {proc} is over.')
14     procs_nonzero = {key:value for key, value in procs.items() if value > 0}
15     print(f'elaps:{elaps}; queue:{queue.get_queue()}; {procs_nonzero}')
```

実行結果

```
elaps:0; queue:['A', 'B', 'C', 'D']; {'A': 150, 'B': 180, 'C': 200, 'D': 200}
elaps:100; queue:['B', 'C', 'D', 'A']; {'A': 50, 'B': 180, 'C': 200, 'D': 200}
elaps:200; queue:['C', 'D', 'A', 'B']; {'A': 50, 'B': 80, 'C': 200, 'D': 200}
elaps:300; queue:['D', 'A', 'B', 'C']; {'A': 50, 'B': 80, 'C': 100, 'D': 200}
elaps:400; queue:['A', 'B', 'C', 'D']; {'A': 50, 'B': 80, 'C': 100, 'D': 100}
elaps:450; A is over.
elaps:450; queue:['B', 'C', 'D']; {'B': 80, 'C': 100, 'D': 100}
elaps:530; B is over.
elaps:530; queue:['C', 'D']; {'C': 100, 'D': 100}
elaps:630; C is over.
elaps:630; queue:['D']; {'D': 100}
elaps:730; D is over.
elaps:730; queue:[]; {}
```

コードの説明は必要なかろう．

本章のまとめ

本章は，データ構造編のプログラミング・チュートリアルを目指した．

- Python の場合，変数は関数の仮引数を除いて，代入文によってはじめて定義・生成される．変数は名前として，**参照アドレス表**と**データ管理テーブル**によって管理されている（**4.1 節**）．
- Python の変数への値の渡し方は，**参照渡し**である（**4.1 節**）．
- Python は，**動的型付け言語**である．変数は単なる名前に過ぎず，そのデータ型は代入されたデータのデータ型に依存する（**4.1 節**）．
- 数以外のデータ型には，str 型：文字列，bool 型：真偽値，list 型：リスト，tuple 型：タプル，dict 型：辞書，set 型：集合がある（**4.2 節**）．
- グラフの表現方法には，隣接行列表現，隣接リスト表現，辺リスト表現がある（**4.3 節**）．
- 最短経路問題のアルゴリズムとしてダイクストラ最短経路アルゴリズムが有名であり，辺のコストが非負であれば最適解を与える．本アルゴリズムは，貪欲法に分類される（**4.3 節**）．
- オブジェクト指向プログラミングにおいて，**オブジェクト**はデータ，属性と**メソッド**からなる（**4.4 節**）．
- 似たようなオブジェクトは**クラス**としてまとめられ，クラスはオブジェクトの設計図に相当する（**4.4 節**）．

●理解度の確認●

問 4.1　**（操作に関するタプルとリストの時間計測）** タプルとリストに対する操作，例えば sorted() など，の時間計測を行い，タプルに対する操作がリストに対する操作より時間が掛からないことを実際に確認せよ.

問 4.2　**（多重リストのフラット化）** 深さがまちまちな多重リスト，たとえば次のようなリスト，を深さ1のフラットなリストに変換する関数を書け. [[1, 3], [[5]], [[7], 9]]

問 4.3　**（集合のべき集合を生成する関数）** A を任意の集合とすると，A のべき集合族（A の部分集合からなる集合）を生成する関数を書け.

問 4.4　**（逆ポーランド記法）** 不明な箇所は各自で調べ，逆ポーランド記法に関する次の問題に答えよ.

（1）　数式から二分木へ変換する関数を実現せよ.

（2）　二分木から逆ポーランド記法に変換する関数を実現せよ.

問 4.5　**【例 4.2.1】** のたぬき暗号の**スクリプト 4.2.5** は，原文に均等に“た”を挿入していない. 前半より後半に“た”を多く挿入している. スクリプトを修正し，均等に“た”が挿入されるようにプログラムを修正せよ.

5 条件分岐と繰り返し

プログラムの流れを制御する機能が，条件分岐と繰り返し構造である．この二つの機能に，関数による処理の抽象化とデータのクラス化を加えるとプログラミング言語の主な機能が完成する．2 章，4 章で入門的知識を既に得ているが，奥深い内容についてはまだ味わっていない．そこで，この章では，プログラミング四大機能の「条件分岐」と「繰返し」機能の詳細を学ぶ．ちなみに，関数については 6 章で，データのクラス化については 7 章でその詳細を展開する．

5.1 条件分岐

5.1.1 選択：if 文による条件分岐

if 文（if statement）による**条件分岐**（conditional branch）は，**図 5.1.1** の形式をとる．

if 文の構造

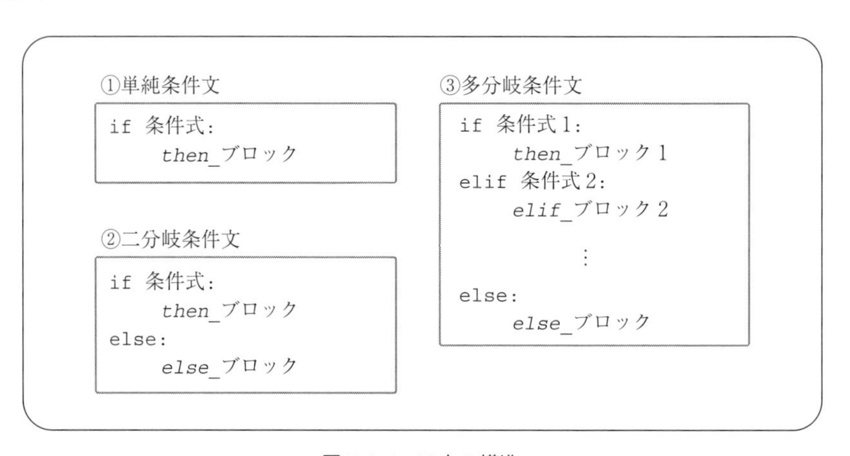

図 5.1.1　if 文の構造

ここで，「条件式」はその名の通り**条件式**（conditional expression）を表す．「then_ブロック」，「elif_ブロック」，「else_ブロック」はコードブロックであり，全体がインデントされる．①の単純条件文では，「条件式」が成り立てば，「then_ブロック」を実行するが，成り立たない場合は「then_ブロック」を飛び越えてプログラムの次のコードに実行制御が移動する．②の二分岐条件文では，①と同様，「条件式」が成り立てば「then_ブロック」を実行し，「else_ブロック」を飛び越えて次のコードに実行制御が移る．しかし，「条件式」が成り立たなければ，「else_ブロック」が実行される．③の多分岐条件文は，else の代わりに，さらに「条件式」が追加され，その「条件式」が成り立てば，次の「elif_ブロック」が実行される．

5.1.2 偽造硬貨問題

【例 5.1.1】8 枚の中の 1 枚の偽造硬貨 No. 2，A fake among eight coins

【問 題】

外見からは区別できない８枚の硬貨がある．このうち１枚は偽造硬貨で本物とは重さが異なる．重りなしの天秤を３回使って偽造硬貨を見つけ出し，同時に本物より重いか軽いかを見極めたい．その方法とは？

【解法】 図 **5.1.2** の決定木で与える．決定木に付随したラベルについては，**例 2.5.6** と同様，[Levitin11] を参考にした．木の外側のラベルは偽造硬貨の可能性をを表し，その解釈は**例 2.5.6** と同様である．ただし，本例では偽造硬貨が重い場合もあるので，例えばG＋ は硬貨 G は偽造硬貨であり，重い可能性があることを示す．また，G± は G が偽造硬貨で重い場合と軽い場合の両方の場合があることを意味する．

アルゴリズムの本質は，８枚の硬貨を３分割に近い３：３：２に分けるところにある．４：４の２分割にしたら，３回では見つけられない．決定木中のラベル No Way は，問題設定上あり得ない場合を意味する．初めに，決定木が左右対称になっていることに注意されたい．簡単な ABC ＝ DEF の場合は，残りの G，H のいずれかが偽造硬貨である．正しい A と偽造硬貨の可能性がある G を比較し，秤の傾き方によって G，H のどちらが偽造硬貨でかつその軽重が判定できる．ABC ＜ DEF の場合は，今度は G，H が本物の硬貨となる．この場合の可能性は A－B－C－D＋E＋F＋である．次に，A と D を皿にそのまま残し，重い可能性のある EF を左の皿に移し，右の皿には正しい GH を乗せ，AEF：DGH の比較を行う．軽重の可能性を併記すると A－E＋F＋：D＋GH となる．A－E＋F＋＝D＋GH ならば軽い可能性がある残りの B，C のいずれかが偽造硬貨で本物より軽い．A－E＋F＋＜D＋GH ならば，A が軽い偽造硬貨か，あるいは D が重い偽造硬貨かのどちらかである．続く分岐は，A：G のように正しい硬貨 G と比較すれば決着が付く．A－E＋F＋＞D＋GH ならば E，F のいずれかが偽造硬貨で本物より重い．残された処理は，G との比較である．

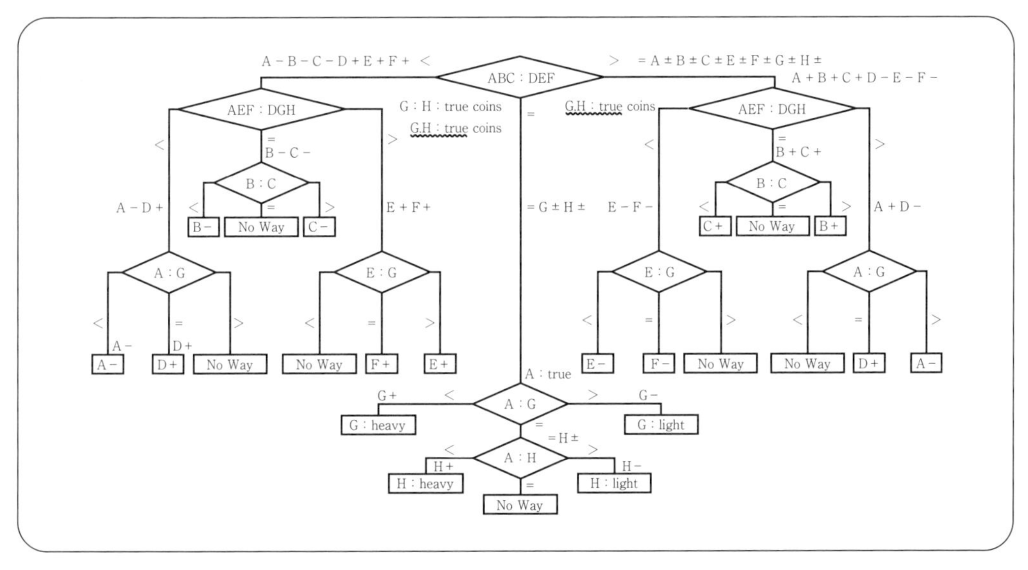

図 **5.1.2** 決定木

[プログラム]

スクリプト **5.1.1**

```
1  import numpy as np
2
3  def make_coins2():
4      keys = list('ABCDEFGH')
5      fake = np.random.choice(keys)
6      weight = np.random.choice(['heavy', 'light'])
7
8      coins = {}
9      for k in keys:
10         if k == fake and weight == 'heavy':
11             coins[k] = 1.02
12         elif k == fake and weight == 'light':
13             coins[k] = 0.98
14         else:
15             coins[k] = 1.0
16     return coins, fake, weight
17
18 # main
19 coins, fake, weight = make_coins2()
20 print(coins)
21 print(f'fake coin: {fake},  weight: {weight}')
```

実行結果

```
{'A': 1.0, 'B': 1.0, 'C': 1.0, 'D': 1.02, 'E': 1.0, 'F': 1.0, 'G': 1.0,
'H': 1.0}
fake coin: D,  weight: heavy
```

[コードの説明]（スクリプト **5.1.1**）

1. 関数 make_coins2()は，軽重不明な偽造硬貨 1 枚を含む 8 枚の硬貨の設定関数である．**例 2.5.5** の**スクリプト 2.5.2** の関数 make_coins()に相当する．ただし，make_coins()は 8 枚から 1 枚を選んで軽い偽造硬貨を設定すればよかったが，本例の場合は，重い偽造硬貨の場合もあるので，関数を少し拡張している．#6 で，偽造硬貨の軽重を選び，変数 weight にその値を設定している．
2. 硬貨は，**スクリプト 2.5.2** と同様，辞書 coins で設定している．fake と weight の値に応じて，偽造硬貨の重さを 0.02 だけ変更している．正しい硬貨の重さは，1.0 である．
3. スクリプトに続くコードは，関数の実行例である．

スクリプト **5.1.2**

```
1  def search_fake2(coins):
2      def sum_total(lst):
3          return sum([coins[c] for c in lst])
4
5      (A, B, C, D, E, F, G, H) = coins.keys()
6      # =A+-B+-C+-D+-E+-F+-G+-H+-
7
8      if sum_coins([A,B,C]) < sum_coins([D,E,F]):# ABC < DEF: A-B-C-D+E+F+
9          if sum_coins([A,E,F]) < sum_coins([D,G,H]):# AEF < DGH: A-D+
10             if sum_coins([A]) < sum_coins([G]):# A < G: A-
```

```
11                fake, weight = A, 'light'
12            elif sum_coins([A]) == sum_coins([G]):# A == G: D+
13                fake, weight = D, 'heavy'
14            else:# A > G: ?
15                print('No way 1')
16        elif sum_coins([A,E,F]) == sum_coins([D,G,H]):# AEF == DGH: B-C-
17            if sum_coins([B]) < sum_coins([C]):# B < C: B-
18                fake, weight = B, 'light'
19            elif sum_coins([B]) == sum_coins([C]):# B == C: ?
20                print('No way 2')
21            else:# B > C: C-
22                fake, weight = C, 'light'
23        else:  # AEF > DGH: E+F+
24            if sum_coins([E]) < sum_coins([G]):# E < G: ?
25                print('No way 3')
26            elif sum_coins([E]) == sum_coins([G]):# E == G: F+
27                fake, weight = F, 'heavy'
28            else:# E > G: E+
29                fake, weight = E, 'heavy'
30    elif sum_coins([A,B,C]) == sum_coins([D,E,F]):  # ABC == DEF: =G+-H+-
31        if sum_coins([A]) < sum_coins([G]):  # A < G: G+
32            fake, weight = G, 'heavy'
33        elif sum_coins([A]) == sum_coins([G]):  # A == G: =H+-
34            if sum_coins([A]) < sum_coins([H]):  # A < H: H+
35                fake, weight = H, 'heavy'
36            elif sum_coins([A]) == sum_coins([H]):  # A == G: =
37                print('No way 4')
38            else:  # A > H  # A > H: H-
39                fake, weight = H, 'light'
40        else:  # A > G: G-
41            fake, weight = G, 'light'
42    else:# ABC > DEF: A+B+C+D-E-F-
43        if sum_coins([A,E,F]) < sum_coins([D,G,H]):# AEF < DGH: E-F-
44            if sum_coins([E]) < sum_coins([G]):# E < G: E-
45                fake, weight = E, 'light'
46            elif sum_coins([E]) == sum_coins([G]):# E == G: F-
47                fake, weight = F, 'light'
48            else:# E > G: ?
49                print('No way 5')
50        elif sum_coins([A,E,F]) == sum_coins([D,G,H]):# AEF == DGH: B+C+
51            if sum_coins([B]) < sum_coins([C]):# B < C: C+
52                fake, weight = C, 'heavy'
53            elif sum_coins([B]) == sum_coins([C]):# B == C: ?
54                print('No way 6')
55            else:# B > C: B+
56                fake, weight = B, 'heavy'
57        else:# AEF > DGH: A+D-
58            if sum_coins([A]) < sum_coins([G]):# A < G: ?
59                print('No way 7')
60            elif sum_coins([A]) == sum_coins([G]):# A == G: D-
61                fake, weight = D, 'light'
62            else:# A > G: A+
63                fake, weight = A, 'heavy'
64    return fake, weight
```

```
1  def short_test():
2      coins, fake, weight = make_coins2()
3      fake_rn, weight_rn = search_fake2(coins)
4      return fake, weight, fake_rn, weight_rn
5
6  # main
7  N = 3
8  for i in range(N):
9      print(short_test())
```

実行結果

```
('H', 'heavy', 'H', 'heavy')
('A', 'light', 'A', 'light')
('A', 'heavy', 'A', 'heavy')
```

［コードの説明］（スクリプト **5.1.2** について）

1. スクリプト **5.1.2** は，スクリプト **2.5.3** と同様，図 **5.1.3** の決定木を関数に焼き直しただけである．
2. 補助関数 sum_total() は**スクリプト 2.5.3** とまったく同じである．決定木の節点との対応を明示するために，決定木のラベルをコメントとしてプログラム中に付した．

1 回の天秤操作で三つの可能性の違いを区別できる．天秤を 3 回連続して使えば合計 3^3 の場合を識別できる．硬貨の枚数は 8 枚，偽造硬貨の重さの可能性が 2 通りあるから，偽造硬貨の可能性に関して 8 × 2 の合計 16 通りの場合がある．**図 5.1.2** の決定木，あるいは同値な**スクリプト 5.1.2** の条件分岐の数から 3^3 から 2 × 2 少ない 23 通りの場合が残る．この内 7 通りは問題設定からあり得ない（No Way）ケースであり，結果 16 通りの場合が残り，偽造硬貨の可能性の数と一致する．

5.2 条件的繰返し処理（while ループ）

5.2.1 while 文による条件的繰返し

条件的繰り返し処理である **while 文**（while statement），あるいは **while ループ**（while loop）は図 **5.2.1** のような構造をしている．

```
while 条件式:
    ブロック
```

（a） while 文の構文

条件式を A，ブロックを B で表すと while A：B の意味は，$A(BA)^*$ で表される正規表現である．

（b） while 文の正規表現による意味表現

図 5.2.1　while 文の構文・正規表現による意味表現

ここで，条件式はその名の通り条件式を表し，ブロックはコードブロックであり全体がインデントされる．条件式が成り立つ間ブロックを実行し続ける．

【例 5.2.1】コイン問題（Coin Problem）　商品の値段を伝えると，その金額をできるだけ少ない枚数の紙幣・硬貨で支払うよう，お金の種類とその枚数を計算するプログラムを書け．紙幣は，{1 万円札，五千円札，千円札}，硬貨は {五百円玉，百円玉，五十円玉，十円玉，五円玉，一円玉} とする[†]．

(注：コイン問題はお金を支払う設定になっているが，おつりを支払う設定の場合もある [Asano03, Cormen09, Levitin11]．その場合は，お釣りをできるだけ少ない枚数の紙幣・硬貨で支払うことになる．また，**例 5.1.2** では，偽造硬貨・天秤問題を扱った．そこでは，コインとは呼ばず硬貨と呼んだ．本書全体で一貫性を保ち，呼び方を統一すべきであるが，「硬貨問題」とは普通いわないため，この例でも「コイン問題」と呼ぶことにする．ただし，貨幣としてのコインは硬貨と呼ぶことにする．

スクリプト 5.2.1

```
1   MONEY = [10000, 5000, 1000, 500, 100, 50, 10, 5, 1]
2   MONEY_NAME = ['一万円札', '五千円札','千円札  ',
3                 '五百円玉','百円玉  ','五十円玉','十円玉  ','五円玉  ','一円玉  ']
4   N = len(MONEY)
5
6   def show(counts):
7       for index, c in enumerate(counts):
8           if c == 0:
9               continue
10          print(f'{MONEY_NAME[index]} = {c} 枚' )
11
12  def counting(price):
13      counts = [0, 0, 0, 0, 0, 0, 0, 0, 0] # or [0] * 9
14      n = len(counts)
15      for i in range(n):
16          while price >= MONEY[i]:
17              price -= MONEY[i]
18              counts[i] += 1
19      return counts
20
21  # main
22  price = 40708
```

† 普段あまり使わない二千円札紙幣は除く．

```
23    show(counting(price))
```

実行結果

```
一万円札 = 4 枚
五百円玉 = 1 枚
百円玉   = 2 枚
五円玉   = 1 枚
一円玉   = 3 枚
```

[コードの説明]（スクリプト **5.2.1**）

1. MONEY は紙幣・硬貨 1 枚の金額のリストであり，降順に並んでいる．
2. MONEY_NAME は紙幣・硬貨の呼び名のリストである．
3. 関数 show()は，紙幣・硬貨の枚数のリスト counts を引数とし，お金の呼び名とその枚数を出力する関数である．支払いに必要がない紙幣・硬貨の出力を continue 文によって回避した．
4. counts は紙幣・硬貨の支払い枚数を表すリストであり，最初はすべて 0 で初期化してある（#13）．
5. 残額の price が現時点で一番高額な紙幣・硬貨の金額以上であれば（#16），残額を減らし（#17），その紙幣・硬貨の枚数を 1 枚増やしている（#18）．

[考察]　本例のアルゴリズムの戦略は，それぞれの状態で最良の選択を行う**最良選択**（best search selection）あるいは**貪欲アルゴリズム**（greedy algorithm）であり，この問題の紙幣・硬貨の設定の場合は，最適解を与える．しかし，一般の場合は必ずしも最適解を与えるとは限らない．一般の場合は，**動的計画法**（dynamic programming）によって最適解を与えることができる．両アルゴリズムについては，**8.4** 節の最適化問題で扱う．

5.2.2 ニュートン・ラフソン法

ニュートン・ラフソン法（Newton-Raphson method）とは，方程式 $f(x)=0$ の解 x を近似的に求めるアルゴリズムである．ニュートン・ラフソン法により，$\sqrt{2}$ の値（$x^2-2=0$ の解）や $\sin(x)=\frac{1}{2}$ となる x の値（$\sin(x)-\frac{1}{2}=0$ の解）などを近似的に求めることができる．ニュートン・ラフソン法は単にニュートン法と呼ばれることもあるが，本書では Newton と同時に同じ手法を思いついた Raphson の名前も付けて，ニュートン・ラフソン法と呼ぶ．

[ニュートン・ラフソン法の考え方]　ニュートン・ラフソン法は，**図 5.2.2**（**a**）のように「$f(x)=0$ の解 x を求めるとき，ある値 x_1 における接線の x 切片 x_2 は，元の値 x_1 より真の x の値に近くなる」という考えに基づいている．図（b）に解の近似計算法について記載している．

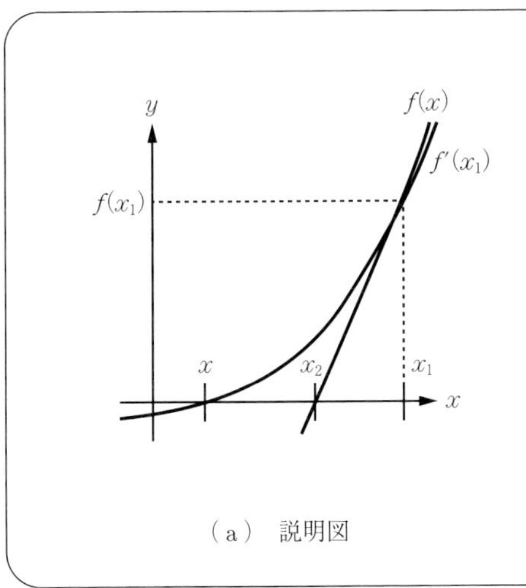

（a） 説明図

解の近くに閉区間$[a, b]$上のある点x_1をとり，座標$(x_1, f(x_1))$を通る接線を考えると

$$y - f(x_1) = f'(x_1)(x - x_1)$$

が成り立つ．この接線とx軸との切片x_2を求めると

$$x_2 = x_1 - \frac{f(x_1)}{f'(x_1)}$$

を得る．以上を一般化すると，ニュートン・ラフソン法による解の近似計算は，$f(x) = 0$の近似値x_nから，関係式

$$x_{n+1} = x_n - \frac{f(x_n)}{f'(x_n)}$$

によってx_{n+1}を求め，このプロセスを繰り返すことにより，x_nを真の値xに近づけていく方法である．

（b） 計算方法

図 5.2.2 ニュートン・ラフソン法の説明図・計算方法

[仮定]　関数$f(x)$はある閉区間$[a, b]$で微分可能であり，方程式$f(x) = 0$の閉区間上での解の存在を仮定する．

[プログラムで書くニュートン・ラフソン法]

ニュートン・ラフソン法に基づいて，任意の関数$f(x)$による方程式$f(x) = 0$の近似解を求めるプログラムを以下に記す．最終結果は，近似解と近似解を得るのに要した近似計算の回数である（初期値を含む）．

スクリプト 5.2.2

```
 1  def newton_raphson(fun, fun1, x, epsilon=1.0e-7):
 2      x1 = x - fun(x) / fun1(x)
 3      ans = [x, x1]
 4
 5      while abs(x - x1) >= epsilon:
 6          x, x1 = x1, x1 - fun(x1) / fun1(x1)
 7          ans += [x1]
 8      return ans
 9
10  # main
11  fun = lambda x: x**2 - 25
12  fun1 = lambda x: 2*x
13  ans = newton_raphson(fun, fun1, 25)
14  print(f'近似解：{ans[-1]}，　要した近似計算の回数：{len(ans)} 回')
```

実行結果

```
近似解：5.0，　要した近似計算の回数：8 回
```

[コードの説明]（スクリプト 5.2.2）

1. 関数 newton_raphson()は，引数として関数 fun，その導関数 fun1，近似解の初期値 x と初期設定された誤差 epsilon を引数として取り（#1），近似解のリスト ans を結果とし

て返す（#8）.

2. x は方程式の近似解を表す変数である．初期値は関数の引数として与えられ，次の近似解 x1（#2）と一緒に最初の近似値としてリスト ans に格納される（#3）.
3. x と x1 の誤差が epsilon 未満であれば while 文から抜けて（#5），結果を出力し関数の実行は終了する（#8）.
4. #5 の条件が満足されない場合は，同時代入文（#6）によって x に新しい近似値，x1 に次の新しい近似が計算され，x1 が ans に追加される（#7）.
5. #10 以降は，**例 2.3.1** の平方根を漸近的に求める問題を，当該手法で解いたスクリプトである．スクリプト中の x1 - fun(x1)/fun1(x1) を簡単にすると（x1 + 25/x1)/2 となり，**例 2.3.1** の漸化式と一致する．このことから，実は**例 2.3.1** の漸化式は，ニュートン・ラフソン法から導出された漸化式であった.
6. #13 の関数呼び出し newton_raphson(fun, fun1, 25) では引数が 3 つであり，#2 の関数定義の引数の数と異なる．実は，関数定義の最後の引数の記述 epsilon = 1.0e - 7 は，この引数の値が省略された場合は epsilon の値として 1.0e - 7 を採用することを意味する．このような初期値を**デフォルト値**と呼ぶ（**6.2.2 項**参照）．ただし，関数呼び出してこの引数の値が与えられたなら，その値が優先される.
7. ans は近似解のリストなので，最終結果は一番最後の値 ans［-1］である．リストのインデックスがマイナスの場合は，最後（-1）からの位置を表すのであった.

【例 5.2.2】（黄金比の近似値）　**例 2.6.4** では，黄金比を二分法で近似した．本例では，ニュートン・ラフソン法により黄金比の近似値を求めてみる．黄金比の値は，2 次方程式 $x^2 - x - 1 = 0$ の正の解であった．結果は**スクリプト 5.2.3** の通りである．誤差の大きさを両者とも 1.0e − 7 未満とした場合，二分法は 25 回の操作（範囲縮小）で近似解を得たが，ニュートン・ラフソン法は 6 回で誤差未満の近似解に到達した†.

スクリプト **5.2.3**

```
1  def f(x):
2      return x**2 - x - 1
3
4  def f1(x):
5      return 2 * x - 1
6
7  ans = newton_raphson(f, f1, x=2)
8  print(f'golden ratio: {ans[-1]:.3f}, count of calculi: {len(ans)}')
```

実行結果

```
golden ratio: 1.618, counts of calculus: 6
```

5.3 反復可能オブジェクトによる繰返し (for ループ)

Python の for ループは，シーケンス（リスト，タプル，文字列，など），その他の反復可能なオブジェクトを用いて実現され，その結果，繰り返し処理を行うことができる．

5.3.1 for 文の構造

C 系のプログラミング言語の場合，for 文（for ループ）はカウンター変数（インデックス）と継続条件を使って記述された．Python の for 文は C 系とは違い，カウンタ変数（インデックス）の代わりにイテラブル・オブジェクトを使う．**for 文**（for statement），あるいは **for ループ**（for loop）は図 **5.3.1**（**a**）のような構造をしている．ここで，iterable はイテラブルオブジェクト，var は変数を表す．**イテラブル・オブジェクト**（iterable object）とは，4 章で述べたように繰り返し処理のメソッドを有するオブジェクトであり，リストやタプルがその代表例である．block は一般の処理を表し，iterable オブジェクト繰返し回数だけ繰り返し処理される．ブロックは，インデントされていないといけない．iterable は原則 obj_0, obj_1, obj_2, ..., obj_n のような構造をしたシーケンスであり，その挙動は，**図 5.3.1**（**b**）のように，block が in 以降のイテラブル・オブジェクトの長さだけ実行され，i 番目の block では，変数 var が obj_i に置き換えられた block［obj_i/var］が実行され，最後の block［obj_n/var］が実行されたら全体の for 文が終了する．for 文は，他の言語における foreach 文に相当し，すべての要素に対して処理が繰り返される．

```
for var in iterable:
    block
```

（a） for 文の構文

```
block[obj_0/var] block[obj_1/var]
 block[obj_2/var] … block[obj_n/var]
```

（b） for 文の挙動

図 5.3.1 for 文の構文・正規表現による意味表現

† パルテノン神殿，モナ・リザなどが黄金比になっているのは有名な話である．パスポートの縦横の比も黄金比である．ちょっと変わって例として，Apple 社のロゴ，Twitter のロゴなども黄金比とのこと．その時代の振り幅に驚く．

5.3.2 繰返し回数の指定法

For 文は，イテラブル・オブジェクトによっては繰り返しの振舞いが異なる．

繰返しの振舞い（回数を含む）の指定法

1. 繰返す回数を整数で指定
2. 繰返しオブジェクトであるイテラブル・オブジェクトで指定
3. ジェネレータで指定

【例 5.3.1】（繰返しの振舞いの指定法）

簡単なスクリプトで，上記の指定法の違いを確認する．

スクリプト 5.3.1

```
 1  # 1. 繰返す回数を整数で指定
 2  for i in range(10):
 3      e = 13**i%7
 4      print(f'{e}', end=' ')
 5  print()
 6
 7  # 2, 繰返しオブジェクトである iterable object で指定
 8  for s in 'string¥n':
 9      print(s.upper(), end=' ')
10
11  for e in ['wonder', 'beauti', 'delight']:
12      print(e+'ful', end=' ')
```

実行結果

```
1 6 1 6 1 6 1 6 1 6
S T R I N G
 wonderful beautiful delightful
```

5.3.3 繰返し処理例：数が作る美

【例 5.3.2】（数が作る美）

繰返し処理の応用例として，次のような数が作る美（Beauty of Mathematics）を実現する．紙面の関係で，（4）の美のみ実現する．その他の美の実現は，演習課題としたい．

スクリプト 5.3.2

```
1  s = ''
2  for i in range(1,10):
3      s += str(i)
4      if i < 9:
5          t = s + ' x 9 +  ' + str(i+1)
6      else:
7          t = s + ' x 9 + ' + str(i+1)
8      num = int(s)*9 + i+1
9      print(f'{t:>18} = {num:<10}')
```

$$
\begin{aligned}
0 \times 9 + 1 &= 1\\
1 \times 9 + 2 &= 11\\
12 \times 9 + 3 &= 111\\
123 \times 9 + 4 &= 1111\\
1234 \times 9 + 5 &= 11111\\
12345 \times 9 + 6 &= 111111\\
123456 \times 9 + 7 &= 1111111\\
1234567 \times 9 + 8 &= 11111111\\
12345678 \times 9 + 9 &= 111111111\\
123456789 \times 9 + 10 &= 1111111111
\end{aligned}
$$

(1)

$$
\begin{aligned}
1 \times 8 + 1 &= 9\\
12 \times 8 + 2 &= 98\\
123 \times 8 + 3 &= 987\\
1234 \times 8 + 4 &= 9876\\
12345 \times 8 + 5 &= 98765\\
123456 \times 8 + 6 &= 987654\\
1234567 \times 8 + 7 &= 9876543\\
12345678 \times 8 + 8 &= 98765432\\
123456789 \times 8 + 9 &= 987654321
\end{aligned}
$$

(2)

$$
\begin{aligned}
9 \times 9 + 7 &= 88\\
98 \times 9 + 6 &= 888\\
987 \times 9 + 5 &= 8888\\
9876 \times 9 + 4 &= 88888\\
98765 \times 9 + 3 &= 888888\\
987654 \times 9 + 2 &= 8888888\\
9876543 \times 9 + 1 &= 88888888\\
98765432 \times 9 + 0 &= 888888888
\end{aligned}
$$

(3)

$$
\begin{aligned}
1 \times 9 + 2 &= 11\\
12 \times 9 + 3 &= 111\\
123 \times 9 + 4 &= 1111\\
1234 \times 9 + 5 &= 11111\\
12345 \times 9 + 6 &= 111111\\
123456 \times 9 + 7 &= 1111111\\
1234567 \times 9 + 8 &= 11111111\\
12345678 \times 9 + 9 &= 111111111\\
123456789 \times 9 + 10 &= 1111111111
\end{aligned}
$$

(4)

図 **5.3.2** 数が作る美

実行結果

```
         1 x 9 +  2 = 11
        12 x 9 +  3 = 111
       123 x 9 +  4 = 1111
      1234 x 9 +  5 = 11111
     12345 x 9 +  6 = 111111
    123456 x 9 +  7 = 1111111
   1234567 x 9 +  8 = 11111111
  12345678 x 9 +  9 = 111111111
 123456789 x 9 + 10 = 1111111111
```

[コードの説明]（スクリプト **5.3.2**）

1. 文字列 s は，#3 により，i 行目の 12 … i を作り出している．
2. s を使って，文字列 t で左辺の式を形成している．左辺の最後の数が一桁か二桁に応じて前の空白の数が異なるので，#4-#8 の条件分岐で場合分けしている．
3. #8 の右辺の式は，11 … 1（1 が i + 1 個）を生成するための巧妙な式である．i = 5 の場合は，111111 = 12345*9 + 6，となる．
4. #9 の print 関数では，最初に半角で「18 文字分とって t を右詰め（{t: > 18}）」で出力，その後「'='」を出力，最後に「10 文字分とって num を左詰め」（{num: < 10}）で出力

している.

5.4 繰返しからの脱却

5.4.1 脱却のイメージ：三つのケース

繰返し構造からの脱却について，while 文，for 文に共通な，break 文，continue 文，else 文の三つの文を確かめる．**図 5.4.1** に三つの場合の脱却のイメージを示す．

1. **break** は，通常 if 文などの条件を伴い，その条件が成り立った場合は，一番内側のループから脱却する．while 文，for 文共通である．break でループから出た場合は，ループに続く else 文は実行されない．
2. **continue** は，通常 if 文などの条件を伴って記載されるのは break 文の場合と同様である．break 文がループから抜け出るのに対して，continue の場合はその場合だけ飛び越され，continue 以下の処理は飛び越される．制御構造が for 文の場合は iterable オブジェクトの次の要素に，while 文の場合は while の条件式の処理に制御が移る．
3. **else** 文は，ループが全て終わった後に実行される．したがって，break によってループから脱却した場合は実行されない．continue はその場合だけ飛び越すだけなので，continue があってもループ自体終了すれば，else 文が処理される．

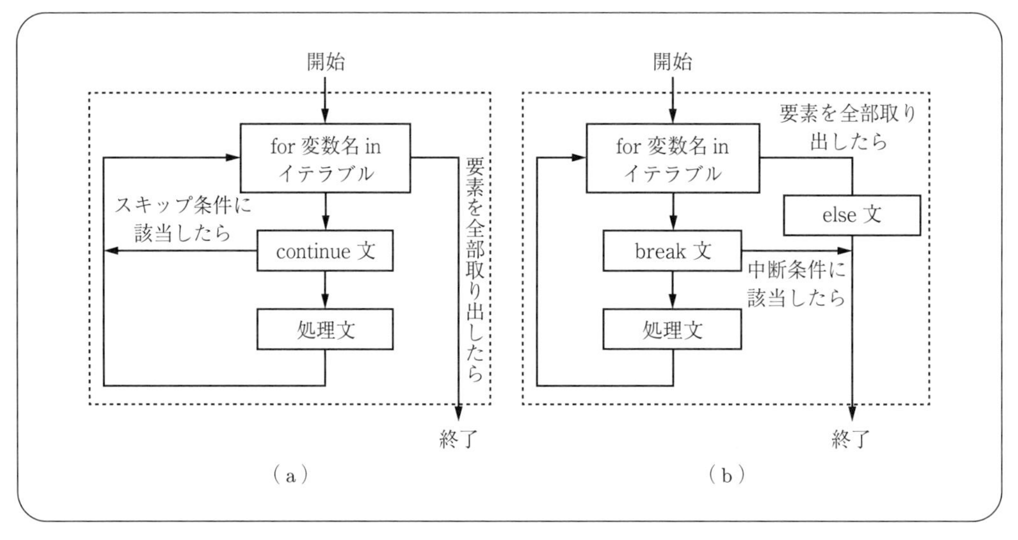

図 5.4.1　脱却のイメージ：三つのケース

5.4.2 プログラム例

【例 5.4.1】（ループからの三つの脱却パターン）

（1） **break 脱却**

例 3.1.4 の素数判定アルゴリズムを break を用いて書き換えてみよう.

スクリプト 5.4.1

```
1 def is_prime3(n): # n: an integer s.t. n >= 2
2     for i in range(2, n+1):
3         if i*i > n:
4             break
5         if n % i == 0:
6             return False
7     return n != 1 # = True, なぜなら n >= 2 だから.
8
9 is_prime3(2), is_prime3(3), is_prime3(111), is_prime3(3511)
```

実行結果

```
(True, True, False, True)
```

（2） **continue 脱却**

continue は脱却というよりは，単語の通り以下の処理はスキップするが，ループは継続に近い. continue については，**例 5.2.1** のコイン問題に出てきた. **スクリプト 5.2.1** で硬貨や紙幣の枚数を表示する際，その必要がない場合をスキップしていた.

（3） **else：後処理**

for や while の else は，脱却ではなく後処理である. リストの要素を最後の要素を除いてカンマで区切る場合に効果を発揮する.

スクリプト 5.4.2

```
1 loop = list(range(10))
2 for a in loop[:-1]:
3     print(a, end=', ')
4 else:
5     print(loop[-1])
```

実行結果

```
0, 1, 2, 3, 4, 5, 6, 7, 8, 9
```

［コードの説明］（スクリプト **5.4.2**）

1. #1 を実行すると，loop は［1, 2, 3, 4, 5, 6, 7, 8, 9］.
2. loop[:-1］は loop の最初から最後の一つ前までだから，［1, 2, 3, 4, 5, 6, 7, 8］となる.
3. else は loop 処理終了後の処理であり，loop[-1］は loop の最後の要素であるから 9 をカンマなしで出力.

5.5 内包表記と繰返し

5.5.1 集合の外延的表記と内包的表記

集合論において，集合を表す場合に外延的表記と内包的表記の 2 種類がある．（注釈：哲学的には，内包はある記号（言葉）が意義とする，対象に共通な性質のことであり，外延は記号の指す具体対象のことを指す．また，外延と内包はおのおの，概念の外側か内側かという意味合いを持っている）

集合の**外延的表記**（extensive notation）あるいは**外延的記法**（extensive expression）とは

$$\{2, 4, 6, 8, 10\}$$

のように集合の要素を具体的に列記して表現する方法である．一方，集合の**内包的表記**（intensive notation）あるいは**内包的記法**（intensive expression）とは

$$\{ x \in X \mid P(x) \} \tag{5.5.1}$$

のように条件によって表現する方法である．ここで，X はある集合，$P(x)$ は命題であり，表現しようとする集合の**特性関数**（characteristic function）と呼ばれる．

5.5.2 リスト内包表記

集合の内包表記に似た表現として，**リスト内包表記**（list comprehension）がある．内包表記をリスト以外に適用すると，辞書内包表記，集合内包表記といった表記法になる．タプルの場合はこれらとは異なり，ジェネレータになってしまい趣が異なる．したがって，タプル内包表記は存在しない．

（1） リスト内包表記の一般形

リスト内包表記の一般形は，次のとおりである．

[expr for var in *iter_obj* if *cond*]

ここで，iter_obj はイテラブル・オブジェクト，var は任意の変数であり iter_obj の要素を意味する．expr は任意の式（var を含んでも含まなくてもよい）であり，cond は var に対する条件を表す．表記全体の意味は，iter_obj のそれぞれの要素 var に対し，もし条件 cond が成り立てば，式 expr をリストの要素として列記することを意味し，その実行結果はこのようにして出来上がったリストを表す．if cond は省略可能である．

【例 5.5.1】（リスト内包表記）

例 2.5.6 の中でリストの内包表記を使った．偽造硬貨を探すため，複数枚同士の硬貨の重さを比較する必要があった．硬貨の重さは辞書として設定され，硬貨のリストから硬貨の重さのリストを作る必要があり，この部分で内包表記を使用した．

スクリプト 5.5.1

```
1 coins = {'A':1.0, 'B':1.0, 'C':1.0, 'D':0.98, 'E':1.0}
2 keys = {'A', 'C', 'D', 'E'}
3 lst = [coins[key] for key in keys]
4 print(f'コインの重さのリスト：{lst}， 総重量：{sum(lst)}')
```

実行結果

```
コインの重さのリスト：[0.98, 1.0, 1.0, 1.0]， 総重量：3.98
```

（2） 少し奇妙なリスト内包表記

スクリプト 5.5.2 は少し奇妙なリスト内包表記である．リストの append() メソッドは副作用によりインスタンスを変更させるが，lst.append() の値自身は None である．None はブール値としては False．したがって，not lst.append(n) は常に True である．したがって，リスト内包表記は

lst, lst, lst

を示し，lst は副作用により

0, 1, 2

になるので**スクリプト 5.5.2** のような二重リストを生成する．メソッドの代わりに関数にすると，**スクリプト 5.5.3** のように記述できる．

スクリプト 5.5.2

```
1 lst = []
2 [lst for n in range(3) if not lst.append(n)]
```

実行結果

```
[[0, 1, 2], [0, 1, 2], [0, 1, 2]]
```

スクリプト 5.5.3

```
1 lst = []
2 def f(n):
3     global lst
4     lst += [n]
5 [lst for n in range(3) if not f(n)]
```

実行結果

```
[[0, 1, 2], [0, 1, 2], [0, 1, 2]]
```

本章のまとめ

本章では，プログラミングの4大機能のうち，「条件分岐」と「繰返し機能」の詳細を学んだ.

- **条件分岐**：最終的にはブール値（True と False）として評価される条件によって，フロー制御を行う（**5.1 節**）.
- **while ループ**　条件による繰り返し処理を可能にする.
- while 文の機能を使用し，最適化問題のコイン問題，ニュートン・ラフソン法による方程式の解の近似問題を解いた（**5.2 節**）.
- **反復可能オブジェクトによる繰り返し（for ループ）**：反復可能オブジェクトによる繰り返し構造である.
- 繰り返し回数は事前に確定し（ジェネレータ以外），その回数を確定するのが反復可能オブジェクトである（**5.3 節**）.
- 繰り返し構造からの脱却について，while 文，for 文共通な break 文，continue 文，else 文の3つの脱却文がある（**5.4 節**）.
- break，continue は無駄な計算の枝刈りに相当し，計算の効率化につながる（**5.4 節**）.
- else は繰り返しの最終処理であり，必ず実行しなければならな処理を記述する際に便利である．ただし，break で脱却すると実行されない（**5.4 節**）.
- 集合の内包的表記に似た表現として，リスト内包表記がある（**5.5 節**）.

●理解度の確認●

問 5.1　**例 2.6.3** では，じゃんけんプログラムを巧妙に作成した．条件分岐の理解度確認のため，3人によるじゃんけん問題を条件分岐だけを用いて書け．また，可能なら3次元の配列を用いたじゃんけんプログラムを考察せよ.

問 5.2　1枚100 g の金貨が入った袋が3つある．そのうちの1袋は，すべてニセ金貨である．ニセ金貨は，本物より10 g だけ重い．はかりを1回だけ使って，ニセ金貨の袋を探すにはどうすればよいか？　アルゴリズムとその実装を与えよ．ニセ金貨の袋は，乱数を使ってランダムに選ぶとする.

問 5.3　**5.5.2 項リスト内包表記**で説明したリスト内包表記によるリスト生成の例を，全て for 文を使って行なえ.

問 5.4　**（集合内包表記・辞書内包表記）** 集合内包表記，辞書内包表記の例を与えよ.

問 5.5　**（清書された九九の表）** 掛け算の九九の表をきれいに作るプログラムを作れ.

問 5.6　**（逆順にソートされた列の二分探索）** 0以上10000未満の整数を1個と10000個発生させ，それぞれの数を target と data と記す．data を逆順（降順）にソートし，その系列に target が出現しているか否かを二分探索で確かめる関数を書け．target が逆順にソートした data にある場合にはその index を，ない場合は -1 を返すとする.

問 5.7　**（文字の二分探索）** 英小文字（アルファベット）'a', 'b', . . . , 'z' は 'a' < 'b' < 'c' . . . 'y' < 'z' と（全）順序が規定されている．英文字からランダムに26文字を選択し，昇順にソートする．ソートした文字列に自分の名前（given name）の最初の文字が出現しているか否かを二分探索で確かめよ．文字列にある場合はその index を，ない場合は -1 を返す関数として実現せよ.

6 関数と再帰

2.4 節（関数定義）で関数を簡易的に導入し，それ以降関数の威力を満喫してきた．関数は，4.4 節（オブジェクト指向），およびこれから詳細に触れるクラスの導入（7 章）と同様に，問題や機能の分割（decomposition）と抽象化（abstraction）を行ううえで，極めて重要な道具を提供する．本章では，関数の再帰的定義を中心に，関数の更なる醍醐味を味わってもらいたい．

分割（decomposition）により，構造が生まれる．これにより，問題を合理的に自己完結型のモジュールに分割できる．これらは異なる場面で再利用も可能となる．

抽象化（abstraction）は，詳細を隠す．見られないあるいは見る必要がないプログラムコードを，ブラックボックスのように扱う．抽象化の本質は，利用するコンテキストで必要な情報を残し，不要な情報を捨象することである．関数は，抽象化の強力な武器になる．

関数の効用

- 同じあるいは似たようなコードを何度も書く必要がなくなる．
- 問題・機能の分割を促進し，抽象化を達成する．

6.1 関数の基礎

6.1.1 関数定義

Pythonの関数定義を図**6.1**に示す．図（a）は通常の場合であり，図（b）は陽に型を明示した**関数アノテーション**（function annotation）付き関数定義である．

```
def fun_name(x1,x2,…,xn):
    fun_body
```

（a） 関数定義

```
def fun_name(x1:t1,x2:t2,…,xn:tn)->t:
    fun_body
```

（b） アノテーション付き関数定義

図6.1　Pythonの関数定義

関数定義・関数実行の説明：

1. **def** はPythonの予約語で，関数定義を導くキーワードである．
2. *fun_name* は**関数名**（function name），$x_1, x_2, \cdots, x_n$ は**仮引数**（formal parameter），*fun_body* は**関数本体**（function body）である．
3. 関数本体は，インデントされ，次の行から始まる．
4. **return** で始まる行は関数の出力部分に相当し，returnに続く式 E の評価値が関数の結果（**戻り値**（returned value）と呼ばれる）として返され，関数の実行が終了する．
5. 関数本体にreturn文は複数あってもよいし，なくてもよい．ない場合は，関数本体の最後まで実行されたあと，戻り値がないことを示すNoneが関数の結果となる．
6. **関数呼び出し**（function call）は，関数名の後に実引数を伴った関数式で行われ，関数定義に従って実行される．
7. アノテーション付きの場合は，引数の型 t_i と返り値の型 t を明示する．

関数定義・スコープについて：**3.1.2項**では，関数の基礎事項として最も重要な，名前空間とスコープ，グローバル変数とローカル変数について説明した．再整理する．

1. プログラムの変数や関数などの名前は，名前空間とスコープによって管理されている．

2. **名前空間**（name space）とは，変数や関数がその機能を果たすプログラムの中での範囲を表す．

3. **変数は属する名前空間の中でのみ，その値を参照したり値を変更したりすることができる．**

4. ある関数を定義し，その関数内で変数を定義した場合，この変数は関数の外から値を参照・修正することはできない．理由は，その変数が関数外の名前空間には属していないからである．
5. **スコープ**（scope）とは，変数や関数が有効な範囲である．また，その変数や関数が有効な範囲は，それらがどの名前空間に所属しているかに依存する．
6. 関数内のスコープでは，上位の名前空間（例えば，その関数を定義している main プログラム）で定義された変数を参照することはできるが，その変数に代入（上書き）することはできない（**global 宣言**すればできる）．たとえ同じ名前の変数でも，関数の中で定義された変数は関数の外で定義した変数とは別物として扱われる．
7. Python には，一般に 3 種類のスコープ，ビルトインスコープ，グローバルスコープ，ローカルスコープがある．これらの詳細は，**3.1.2 項**の通りである．

【例 6.1.1】（ユークリッドの互除法による複数の数の最大公約数を求める） 例 **2.6.1** のユークリッドの互除法を拡張する．関数への入力は正の整数の空でないリストとする．これらの数に共通な最大公約数を求めるプログラムを考察する．

スクリプト **6.1.1**

```
 1 def gcd_lst(lst): # lst is a non null list of integers
 2     def gcd(a, b):
 3         while(b > 0):
 4             a, b = b, a % b
 5         return a
 6
 7     a, *bs = lst
 8     for b in bs:
 9         a = gcd(a, b)
10     return a
```

```
1 lst = [2*3*7*1, 2*3*7*7, 2*3*7*13, 2*3*7*17, 2*3*7*23]
2 gcd = gcd_lst(lst)
3 print(f'gcd of {lst}: {gcd}')
```

実行結果

```
gcd of [42, 294, 546, 714, 966]: 42
```

[コードの説明]（スクリプト **6.1.1**）

1. gcd_lst()がメインの関数で，補助関数 gcd()を使用している（#2–#5）．gcd(a, b) は関数 gcd_lst()内でのみ有効であり，（ローカルスコープ）a, b の二つの数の最大公約数を返す．
2. #7 からはじまるブロックが gcd_lst()の関数本体であり，全体がインデントされている．#7 の代入文は，シーケンス・アンパッキングという演算であった（**2.1.4 項**）．*のついた変数*bs に長さ 0 以上の正の整数系列が代入され，#8–#9 で a と bs の要素との最大公約数が求められ，その結果が繰り返し a に代入されている．bs はリスト，*bs はリスト bs の要素からなる系列を表すことに注意を要する（**6.2.4 項**参照）．

3. 補助関数 gcd()の局所変数 a，b と関数 gcd_lst()の局所変数 a，b は字面は同じであるが，別のもの（変数）である．

6.1.2 グローバル変数

グローバル変数はグローバルスコープの変数であり，どのスコープからでもアクセスできる変数であった．したがって，関数（ローカルスコープ）内でグローバル変数の値は参照できるが，変更はできなかった．しかし，関数内で

global *var_global*

と宣言した場合，書き換えることができる．ここで，*var_global* はグローバル変数である．

関数内でのグローバル変数変更の用途

- 関数は入力を受け取り，処理を行って結果を返す．数学の関数や写像と同じ，状態を持たない存在である．再帰関数は関数内でさらに関数を呼び出すので，グローバル環境で関数の呼び出し回数をカウントすることはできない（引数で渡せばできる）．再帰関数の関数呼び出し回数をカウントしたいような場合は，グローバル変数が便利である．**6.3.3 項**（**4**）でこの利用例を示す．
- 副作用を伴う関数やメソッド，操作によってデータが変化する手続を記述する際に，グローバル変数を利用する．**4.4 節**では，クラスを使ってスタック，キューを実現した．スタックやキューの操作を関数として実装した場合，操作の対象であるデータはグローバル変数として定義されなければならない．

グローバル変数の使用例は，**例 6.3.6** で紹介する．また，Python には，グローバルスコープのグローバル変数を辞書形式で返す関数 **globals**()，ローカルスコープのローカル変数を返す関数 **locals**()が用意されている．

6.2 Python での関数流儀

6.2.1 位置引数・キーワード引数・デフォルト値

Python では，関数呼び出し時の実引数の指定方法に，2 種類の方法がある．位置引数と

キーワード引数である．関数呼び出しの際，どちらの形式で実引数を渡すのかを注意深く指定しなければならない．

（1） 位置引数

一般的な方法は**位置引数**（positional argument）であり，呼出し側で指定した順番に配置される実引数のことである．つまり，関数呼出しの際，実引数の順序を関数定義の仮引数の順序に合わせる方式であり，このときの引数が位置引数である．

- **例 2.4.2** の華氏から摂氏への温度変換関数 f2c(deg)（**スクリプト 2.4.2**）の関数呼び出し f2c(32) の実引数 32 は，位置引数である．
- **例 5.1.1** の**スクリプト 5.1.2** で定義された偽造硬貨を探し出す関数 search_fake2(coins) の実引数 coins は，位置引数で呼び出されている．
- **5.2.2** のニュートン・ラフソン法の中で定義された関数 newton_raphson(fun, fun1, x, epsilon = 1.0e-7) について，前半三つの引数は位置引数で呼び出されている．最後の引数は，デフォルト値が設定されている（本項（3）参照.）.

（2） キーワード引数

キーワード引数（keyword argument）は，関数呼出し時に仮引数も指定して渡される実引数のことである．キーワード引数で関数を呼び出す場合は

fun_name(key1 = value1, key2 = value2, …, keyN = valueN)

のように，仮引数 keyI とキーワード引数（値）valueI の対で実引数を指定する．キーワード引数の場合，実引数の順序が関数定義の仮引数の順序と異なっても構わない．位置引数との併用も可能で，キーワード引数の前に位置引数を（関数定義の順番で）指定することができるが，その逆は不可である．**図 6.2.1** にこの二つの引数の指定法と混在した場合の指定法のイメージを示す．

```
def fun(仮引数1, 仮引数2, … ):
    … …
  return 式
fun(実引数1, 実引数2, …)
```

（a） 位置引数

```
def fun(仮引数1, 仮引数2, … ):
    … …
  return 式
fun(仮引数1=実引数1, 仮引数2=実引数2, …)
```

（b） キーワード引数

```
def fun(仮引数1, 仮引数2, 仮引数3, … ):
    … …
  return 式
fun(実引数1, 仮引数2=実引数2, 仮引数3=実引数3, … )
```

（c） 両者の混在

図 6.2.1 位置引数・キーワード引数・混在の指定法のイメージ図

（3） デフォルト値

仮引数にはデフォルト値を設定できる．関数定義で

def fun_name(…, key = value, …)

と指定した仮引数 key には**デフォルト値**（defualt value）として value が設定され，関数呼び出し時に key が未指定の場合は，このデフォルト値が採用される．key の実引数が指定された場合には，実引数がデフォルト値より優先される．

【例 6.2.1】（組込み関数 sorted の引数指定）　Python には，イテラブル型データをソートする組み込み関数 sorted があり，その仮引数の設定は次のようになっている．

sorted(iterable, /, *, key = None, reverse = False)

sorted の仕様：

- sorted()は，イテラブル・オブジェクト iterable を key で指定された関数を iterable の各要素に適用しその大小に応じて iterable の要素をソートする．
- /の前の仮引数は全て位置引数である．したがって，iterable をキーワード引数で呼び出すとエラーになる．
- /と*の間にある仮引数は，関数呼出し時位置引数でもキーワード引数でも構わない．
- *以降の仮引数はキーワード引数であり，位置引数として指定することはできない．
- key，reverse にはデフォルト値が設定され，実引数の値を省略した場合にはデフォルト値が採用される．
- key のデフォルト値は None なので，iterable 自体がソートの対象となる．
- reverse のデフォルト値は False なので，reverse を設定しなかった場合には昇順でソートする．reverse の値が True の場合は降順でソートする．
- sorted の詳細を知りたい場合には，sorted?（あるいは，help(sorted)）で sorted の doc-string が表示されるので，詳細を知ることができる．

【例 6.2.2】（学生のソート）　スクリプト **6.2.1** を実行し，結果を解釈せよ．

スクリプト 6.2.1

```
1  select_height = lambda tp: tp[1]
2  select_weight = lambda tp: tp[2]
3  # (name, height, weight)
4  taro, jiro, hanako = ('太郎', 182, 62), ('次郎', 175, 72), ('花子', 160, 48)
5  students = [taro, jiro, hanako]
6  print(sorted(students, key=select_height))
7  print(sorted(students, reverse=True, key=select_weight))
```

実行結果

```
[('花子', 160, 48), ('次郎', 175, 72), ('太郎', 182, 62)]
[('次郎', 175, 72), ('太郎', 182, 62), ('花子', 160, 48)]
```

［コードの説明］（スクリプト **6.2.1**）

1. select_height は，引数として与えられたタプル tp の 1 番目の要素 tp[1]（つまり身長）

を選択する関数である（#1）.

2. select_weight は，引数として与えられたタプル tp の 2 番目の要素 tp[2]（つまり体重）を選択する関数である（#2）.
3. #4 で，3 名の学生 taro，jiro，hanako をタプルで設定していて，タプルの順番は（名前，身長，体重）の順である.
4. students は学生のリストである（#5）.
5. #6 の sorted 関数では，key = select_height と設定され，身長を選ぶ関数がそれぞれのタプルに適用され，身長の高さの昇順でソートされている.
6. #7 では逆に，reverse = True と key = select_weight により，体重を選択する関数がそれぞれのタプルに適用され，体重の重さの降順に（重い学生から軽い学生の順に）ソートされている.

6.2.3 関数の中で補助関数を利用

Python では，関数の中でしか使えない**補助関数**（helper function）を定義することができる．**スクリプト 6.1.1** の共通な最大公約数を求める関数 gcd_lst 内の関数 gcd は補助関数の例である．関数で実現するアルゴリズムの分割と抽象化の先が，補助関数の利用に行き着く．

【例 6.2.3】（数の掘り出し）　文字列に埋もれている数を掘り出す問題を考える．**スクリプト 6.2.2** の関数 mining は補助関数 is_digit を使ったその実装である．数が混在した文字列 string を実引数として関数に渡すと，中から数だけを掘り出しそのリストとして返してくれる．

スクリプト 6.2.2

```
 1 def mining(string):
 2     def is_digit(c):
 3         return c in '0123456789'
 4
 5     string += '.'
 6     result, tmp = [], []
 7     for c in string:
 8         if is_digit(c):
 9             tmp.append(c)
10         else:
11             if len(tmp) > 0:
12                 a = int(''.join(tmp))
13                 result.append(a)
14                 tmp = []
15     return result
16
17 # main
18 mining('1g123hgj198ka253j87abc105fc23h765')
```

実行結果
```
[1, 123, 198, 253, 87, 105, 23, 765]
```

[コードの説明]（スクリプト**6.2.2**）

1. is_digit(c)は，c が数字か否かを判定してくれる返り値 True，False の判定補助関数である（#2-#3）．返り値が True か False のいずれかである関数を**ブール関数**（Boolean function）と呼ぶ．
2. 最後の文字が数字の場合，数への変換を容易にするため**番兵**（guard）と呼ばれる，この場合はピリオドを最後に追加した（#5）．
3. result は最終的な数のリスト保存する変数であり（#6），tmp は string に埋もれている途中の数字を保存するための変数である（#6）．共に，初期値は空リストである．
4. #7 から始まる for 文では，string 中の文字 c について，c が数字なら tmp に追加し（#8-#9），そうでなければ #10 の else 部分で，tmp が空でない数字の列ならば tmp を数字に変換し，その数字を result に追加する（#11-#13）．最後は，次の数字の掘り出しのため tmp をリセットする（#14）．
5. result が関数の最終結果である．

【例 6.2.4】（分割統治法によるソーティング） **4.2.3 項（3）**では，線形戦略による 2 種類のソーティングアルゴリズムを紹介した．本例では，補助関数を使った分割統治法よる 2 種類のソーティングアルゴリズムを紹介する．二つとも時間計算量が $O(n \log n)$ の効率良いアルゴリズムである．**4.2.3 項（3）**と同様にソートの対象をリストとする．なお，PEP8 によると，英大文字は定数を扱うために用いられ，変数としては通常は用いない．しかし，本例に限っては，ソーティングでのリスト表記の慣習に従い，リストを表すために英大文字を採用した．ここで，**PEP**（Python Enhancement Proposal）とは，Python の機能に関する仕様や規範に関する提案書を表し，その中でも **PEP8** は Python のコーディングスタイルに関する規範書である．

（a） マージソート

マージソート（merge sort）とは，次のようなアルゴリズムである．

[擬似コード]

1. ソート対象のリストを約半分に分割する．
2. それぞれをソートする（部分リストに対して，再帰的にアルゴリズムを適用する）．
3. 2. で得られたソート済みの部分リストをそれぞれ先頭の要素の大小を比較し，併合することによって一つのソートされたリストを得る．

スクリプト**6.2.3**
```
1  def msort(A):
2      def merge(X, Y): # X, Y は昇順にソート済み
3          if X == [] or Y == []: # いずれか，あるいは両者が空の場合
4              return X + Y
5          else:
```

```
 6             x, *Xtail = X # xはXの先頭要素（最小値）
 7             y, *Ytail = Y # yはYの先頭要素（最小値）
 8             if x <= y: # xを先頭にしてマージ
 9                 return [x] + merge(Xtail, Y)
10             else: # yを先頭にしてマージ
11                 return [y] + merge(X, Ytail)
12
13     if len(A) < 2:
14         return A
15     else: # Aを約半分に分割し，それぞれをソートした後マージ
16         c = len(A)//2
17         return merge(msort(A[:c]), msort(A[c:]))
```

```
 1 import numpy as np
 2
 3 def create_data(start=1, stop=21, num=20, seed=123):
 4     np.random.seed(seed)
 5     A = list(np.random.randint(start, stop, num))
 6     return A
 7
 8 A = create_data(seed=555)
 9 print(A)
10 print(msort(A))
```

実行結果

```
[15, 10, 2, 5, 7, 10, 17, 1, 11, 17, 5, 2, 11, 10, 20, 14, 20, 4, 20, 5]
[1, 2, 2, 4, 5, 5, 5, 7, 10, 10, 10, 11, 11, 14, 15, 17, 17, 20, 20, 20]
```

（b） クイックソート

クイックソート（quick sort）とは，次のようなアルゴリズムである．

[擬似コード]

1. ソート対象のリストの中から**ピボット**と呼ばれる要素を一つ選ぶ．
2. リストをピボットより小さい要素はheadに，同じ大きさの要素はmiddleに，そしてピボットより大きい要素はtailに分割する．
3. head，tailをそれぞれソートし，ソートしたhead，middle，ソートしたtailをこの順序で結合し，結合したリストを結果として返す．

スクリプト6.2.4

```
 1 def qsort(A):
 2     def divide(p, A): # Aをpより小，pと同じ，pより大 に3分割
 3         if A == []:
 4             return([], [], [])
 5         else:
 6             a, *Atail = A # a: Aの先頭要素
 7             X, Y, Z = divide(p, Atail)
 8             if a < p: # aをpより小 に分類
 9                 return ([a]+X, Y, Z)
10             elif a == p: # aをpと同じ に分類
11                 return (X, [a]+Y, Z)
12             else: # aをpより大 に分類
```

```
13                return (X, Y, [a]+Z)
14
15        if len(A) < 2:
16            return A
17        else:
18            p, *Atail = A # p: Aの先頭要素
19            X, Y, Z = divide(p, Atail) # X: pより小, Y: pのリスト, Z: pより大
20            return qsort(X) + Y+[p] + qsort(Z)
```

```
1 A = create_data(seed=333)
2 print(A)
3 print(qsort(A))
```

実行結果

```
[13, 13, 14, 4, 20, 15, 15, 20, 8, 13, 10, 14, 6, 6, 9, 9, 8, 20, 4, 20]
[4, 4, 6, 6, 8, 8, 9, 9, 10, 13, 13, 13, 14, 14, 15, 15, 20, 20, 20, 20]
```

（c） リスト内包表記を用いたクイックソート

スクリプト **6.2.5**

```
1 def qsort_lc(A):     # lc: list comprehension
2     if len(A) <= 1:
3         return A
4     p = A[len(A) // 2] # Aの中央当たりをp(pivot)に
5     small = [x for x in A if x < p] # pより小さい
6     same = [x for x in A if x == p] # pと同じ
7     large = [x for x in A if x > p] # pより大きい
8     return qsort_lc(small) + same + qsort_lc(large)
```

```
1 A = create_data(seed=333)
2 print(A)
3 print(qsort_lc(A))
```

実行結果

```
[13, 13, 14, 4, 20, 15, 15, 20, 8, 13, 10, 14, 6, 6, 9, 9, 8, 20, 4, 20]
[4, 4, 6, 6, 8, 8, 9, 9, 10, 13, 13, 13, 14, 14, 15, 15, 20, 20, 20, 20]
```

スクリプト **4.2.3** の（インデックスによる）プログラムにはあまり驚かなかったかもしれないが，本プログラムには驚いたのではないだろうか．そのスマートさに，わかりやすさの理由は，アンパッキングによって，リストの構造記述がプログラム中で直接利用できることによる．

6.2.4 可 変 長 引 数

Python には，仮引数を指定する場合に

def fun_name(…, *args, **kwargs)

のように，接頭辞「*」,「**」を伴った仮引数指定がある．

- *argsは残りの可変長位置引数をタプルにまとめ，仮引数argsに設定する．
- **kwargsは残りの可変長キーワード付き引数を，辞書型仮引数kwargsとして受け取る．

という処理を演ずる．いま，上記で定義された関数fun_nameを

fun_name(…, a1, a2, …, an, k1 = v1, k2 = v2, …, km = vm)

で呼び出したとする．関数内では，代入文

args = (a1, a2, …, an),

kwargs = {k1 : v1, k2 : v2, …, km : vm}

が実行されたとして処理される．一方，位置引数指定の仮引数列x1, x2, …, xnに対して，タプルtl = (a1, a2, …, an)（やリストtl = [a1, a2, …, an]）を関数呼出しの位置引数の位置で*tlと指定した場合，位置引数a1, a2, …, anとしての関数呼び出しと解釈される．また，キーワード引数指定の仮引数列k1, k2, …, kmに対して辞書dic = {k1 : v1, k2 : v2, …, km : vm}を関数呼出しのキーワード引数の位置で**dicと指定した場合，キーワード引数k1 = v1，k2 = v2, …, km = vmとしての関数呼び出しと解釈される．これらのことを，スクリプトで確認する．

スクリプト 6.2.6

```
1  def func(a1, a2, *args, **kwargs):
2      print(f'a1: {a1}')
3      print(f'a2: {a2}')
4      print(f'args: {args}')
5      print(f'kwargs: {kwargs}')
6
7  func('A', 'B', 'C', 'D', k1='K1', k2='K2')
```

実行結果

```
a1: A
a2: B
args: ('C', 'D')
kwargs: {'k1': 'K1', 'k2': 'K2'}
```

スクリプト 6.2.7

```
1  args = ('C', 'D')
2  kwargs = {'k1': 'K1', 'k2': 'K2'}
3  func('A', 'B', *args, **kwargs)
```

実行結果

```
a1: A
a2: B
args: ('C', 'D')
kwargs: {'k1': 'K1', 'k2': 'K2'}
```

【例 6.2.5】（可変長引数指定のソーティング）　可変長引数*argsにより，実引数として任意の数を指定できるマージソートを実現する．

スクリプト 6.2.8

```
1  def msort2(*args):
2      return msort(list(args))
3
```

```
4 print(f'(1) msort2(3,1,9,7,5) = {msort2(3,1,9,7,5)}')
5 print(f'(2) msort2(3,7,5) = {msort2(3,7,5)}')
6 print(f'(3) msort2(6,3,1,9,4,7,2,8,5) = {msort2(6,3,1,9,4,7,2,8,5)}')
```

実行結果

```
(1) msort2(3,1,9,7,5) = [1, 3, 5, 7, 9]
(2) msort2(3,7,5) = [3, 5, 7]
(3) msort2(6,3,1,9,4,7,2,8,5) = [1, 2, 3, 4, 5, 6, 7, 8, 9]
```

【例 6.2.6】（引数指定の例）　sorted()関数を用いた可変長キーワード引数指定の例である．（1）は関数未指定のlstの辞書式順序による昇順のソートである．（2）は，キーワード引数の順番を変えた，文字列の長さによる降順ソートである．（3）は，最後の文字の辞書式順序による昇順ソートである．大文字が小文字よりアスキーコードが小さいので，‘A’が‘a’より小さい．

スクリプト 6.2.9

```
 1 def sorted2(**kwargs):
 2     iterable = kwargs['iterable']
 3     key = kwargs['key'] if ('key' in kwargs) else None
 4     reverse = kwargs['reverse'] if ('reverse' in kwargs) else False
 5     return sorted(iterable, key=key, reverse=reverse)
 6
 7 # ソート対象のリスト
 8 lst = ['a', 'A', 'ave', 'Maria', 'aaa', 'joseph']
 9 print(f'(1) {sorted2(iterable=lst)}')
10 print(f'(2) {sorted2(reverse=True, iterable=lst, key=len)}')
11 print(f'(3) {sorted2(key=(lambda x:x[-1]), iterable=lst)}')
```

実行結果

```
(1) ['A', 'Maria', 'a', 'aaa', 'ave', 'joseph']
(2) ['joseph', 'Maria', 'ave', 'aaa', 'a', 'A']
(3) ['A', 'a', 'Maria', 'aaa', 'ave', 'joseph']
```

［コードの説明］（スクリプト **6.2.9**）

1. #1-#5は，可変長キーワード引数指定の関数定義である．
2. #2で，指定が必須な引数iterableについては，その実引数の値を変数iterableに代入している．
3. #3，#4は三項演算子と呼ばれる式であり，次の形をしている．
   真のときの式 if 条件式 else 偽のときの式
   したがって，引数key（reverse）が指定されていたら，その実引数の値を変数key（reverse）に代入するが，指定されていなければNone（False）を変数の値として設定している．
4. #5では，以上の設定でソート関数sortedを呼び出している．
5. #9は，key，reverseを未指定なので，辞書式順序による昇順のソートである．
6. #10は，reverse = True，key = lenより，文字列の長さに関して降順でソートされる．

したがって，長さが一番長い 'joseph' が先頭で，長さは同じ 1 であるがアスキー文字として小さい 'A' が最後尾である．

7. #11 は key の実引数が文字列の最後の文字を返す関数なので，lst の各要素の最後の文字の辞書式順序による昇順のソートである．'a'，'Maria'，'aaa' のように大小がつかないものついては，元のリストの順番となる．

```
sorted(['ba', 'Aa', 'aA'], key=str.lower)
```

実行結果

```
['Aa', 'aA', 'ba']
```

6.3 再 帰 関 数

6.3.1 再帰関数とは

数学的帰納法（mathematical induction），あるいはもっと一般的に**構造的帰納法**（structural induction）に基礎を置く定義法が**再帰的定義**（recursive definition）であり，再帰的に定義された関数が**再帰関数**（recursive function）である．一般に，再帰的定義は 2 つの部分から構成される．その一つは**基底ケース**（base case）であり，直接結果を示す．もう一つは，**帰納的ケース**（inductive case）である．入力を少し分解して少しだけ簡単な形に変換し，簡単化された式の解を求め，その結果を用いて本来の入力への結果を構成する方法である．具体的な例で確認していく．

【例 6.3.1】（ユークリッドの互除法による最大公約数を求める再帰化）　**例 2.6.1** でスマートに書き直した最大公約数を求める関数を再帰的に書き直す．**例 2.6.1** と同じデータを使い，再帰関数の場合を確認する．当然であるが，**例 2.6.1** の実行結果と同じ結果が返ってきた．両スクリプトの類似性から，コードの説明は必要なかろう．

スクリプト 6.3.1

```
1 def r_gcd(a, b):# a,b: int such that a, b > 0
2     if b == 0:
3         return a
4     else:
5         return r_gcd(b, a%b)
6 
7 # main
8 r_gcd(128, 56), r_gcd(8177, 3315), r_gcd(3934, 2093)
```

実行結果

```
(8, 221, 7)
```

6.3.2 階 乗 関 数

世の中で最も簡単で有名な再帰関数は，おそらく自然数上の階乗関数であろう．

【例 6.3.2】（階乗関数）　自然数上の階乗関数（factorial function）は，以下で定義される関数である．最初の式は基底ケース，2 番目の式は帰納的ケースの式である．

$$n! = \begin{cases} 0! & = 1 \\ (n+1)! & = (n+1)\cdot n! \quad (n \geq 0) \end{cases} \tag{6.3.1}$$

以下，階乗関数の実現法について，（1）再帰関数版，（2）while による繰り返し版，（3）末尾再帰版の三つを示す．

（1） 再帰関数版

スクリプト 6.3.2

```
1 def rec_fact(n):
2     if n == 0:
3         return 1
4     else:
5         return n * rec_fact(n - 1)
6
7 rec_fact(10)
```

実行結果

```
3628800
```

［コードの説明と考察］（スクリプト 6.3.2）

1. 再帰的定義による階乗関数 rec_fact()は，階乗の定義をプログラムの関数に焼き直したに過ぎない．
2. #2-#3 が基底ケース，#4-#5 が帰納的ケースに相当する．
3. n が 0 になるまでスタックに積み（処理系に依存するが）全て展開してから掛け算を行うので，計算効率はあまり良くない．

（2） while による繰返し版

スクリプト 6.3.3

```
1 def while_fact(n):
2     result = 1
3     while n > 1:
4         result *= n
5         n -= 1
6     return result
7
8 while_fact(10)
```

実行結果

```
3628800
```

[コードの説明と考察]（スクリプト **6.3.3**）

1. while を使ったスクリプトは，階乗の定義からは直接出てこないかもしれない．再帰構造を繰り返し構造の計算制御法に変換する必要がある．
2. result = 1 とし（#2），n を 1 つずつ減らし（#5），演算と代入（#4）を n が 1 になるまで繰り返す（#3）．
3. n = 0，1 の場合でも，階乗を計算することに注意されたい．

（2）では再帰的定義を while の繰り返し構造に変換したが，繰り返し回数が確定しているので for による繰り返し構造にも容易に変換できる．

（3）　末尾再帰版

末尾再帰（tail recursion）は，関数の末尾（関数の値を返す部分）が再帰呼出しになるような関数である．通常の再帰関数は，スタックを用いて計算処理される．関数の呼出し情報をスタックに積みながら，引数の数を減らしていく．処理が基底ケースに到達したら，今度は逆にスタックをポップしながら値を確定し，一番下に積まれた結果が関数の結果である（**例 6.4.1**）．再帰関数は簡潔に記述でき非常にわかりやすいが，欠点はその効率の悪さである．この欠点を部分的に解決したのが，末尾再帰である．

スクリプト **6.3.4**

```
1 def tail_fact(n, accumulator=1):
2     if n == 0:
3         return accumulator
4     else:
5         return tail_fact(n-1, accumulator = accumulator * n)
6
7 tail_fact(10)
```

実行結果

```
3628800
```

[コードの説明と考察]（スクリプト **6.3.4**）

1. 再帰関数でありながら，**スクリプト 6.3.2** のように値が未確定のまま関数を展開するのではなく，関数を呼び出すたびに途中経過を計算しながら実行する（#5）．その意味では，while による繰返し制御と似ている．
2. n = 0 になったら，これまで計算してきた値を返す（#2–#3）．

6.3.3　フィボナッチ数列

（1）　フィボナッチ数列とは

【例 6.3.3】（フィボナッチ数列）　フィボナッチ数列（Fibonacci sequence）は，階乗と並んで再帰的に定義される代表的な数列である．イタリアの数学者ピサのレオナルド（フィボナッチと呼ばれる）にちなんで名付けられた呼称である．フィボナッチは次のような非現実的な問題を考え出した［Juttag16］．

- 1つがい（メスとオス）のウサギは，生後2ヶ月目から毎月1つがいのウサギを産む．
- ウサギは永久に死なない．

この仮定のもとで，産まれたばかりの1つがいのウサギは6ヶ月後には何つがいのウサギになるかという問題である．つがいの数は，次の列のように表される．

$$1, 1, 2, 3, 5, 8, 13, 21, 34, 55, \cdots$$

（2） 再帰によるフィボナッチ数列

【例 6.3.4】（再帰によるフィボナッチ数列）　メスウサギの頭数（ウサギのつがい数）は，次のように自然に再帰的定義式で記述できる．

$$\begin{cases} females(0) &= 1 \\ females(1) &= 1 \\ females(n+2) &= females(n+1) + females(n) \quad (n \geq 0) \end{cases} \tag{6.3.2}$$

なぜならば，$females(n+2) - females(n+1)$ は $n+2$ ヶ月めに新たに生まれるつがいの数であり，これらのつがいは n ヶ月目のつがい $females(n)$ が生むウサギだからである．定義式は，階乗の場合とは少し異なる：

- 基底のケースが二つで一つではない．一般に，必要に応じて複数の基底ケースを設定することが可能．
- 帰納的ケースでは，一つ前の関数の値ともう一つ前の関数の値を用いて結果を出している．

再帰関数によるフィボナッチ数列の実装

スクリプト 6.3.5

```
 1  def fib(n:int) -> int:
 2      if n == 0 or n == 1:
 3          return 1
 4      else:
 5          return fib(n-1) + fib(n-2)
 6
 7  def test_fib(m:int, n:int) -> int: # from m to n
 8      for i in range(m, n+1):
 9          print(f'fib({i})={fib(i):,}')
10
11  test_fib(23, 25)
```

実行結果

```
fib(23)=46,368
fib(24)=75,025
fib(25)=121,393
```

［コードの説明］（スクリプト **6.3.5**）

1. 基底ケースの部分（#2–#3）．

2. 帰納的ケースの部分（#4-#5）
3. test_fib(m, n)は fib()のテスト用の関数であり，fib(m), fib(m+1), …, fib(n)を求めて出力する．

（3） フィボナッチ数列の視覚化

【例 6.3.5】（フィボナッチ数列のグラフ）　フィボナッチ数列の視覚化として，数列を棒グラフで表してみる．matplotlib. pyplot を使ったグラフ描画については，**例 3.1.1** である程度説明したので再度参照してほしい．

スクリプト 6.3.6

```
 1  import matplotlib.pyplot as plt
 2  import numpy as np
 3  plt.style.use('ggplot')
 4
 5  x = list(range(24+1))
 6  y = [fib(n) for n in range(24+1)]
 7  fig = plt.figure(figsize=(10, 3))
 8  ax1 = fig.add_subplot(121)
 9  ax1.bar(x[:13], y[:13])
10  ax1.set_title('matings from 0 to 12 months')
11  ax2 = fig.add_subplot(122)
12  ax2.bar(x[13:], y[13:])
13  ax2.set_title('matings from 13 months to 24 months')
14  plt.show()
```

実行結果

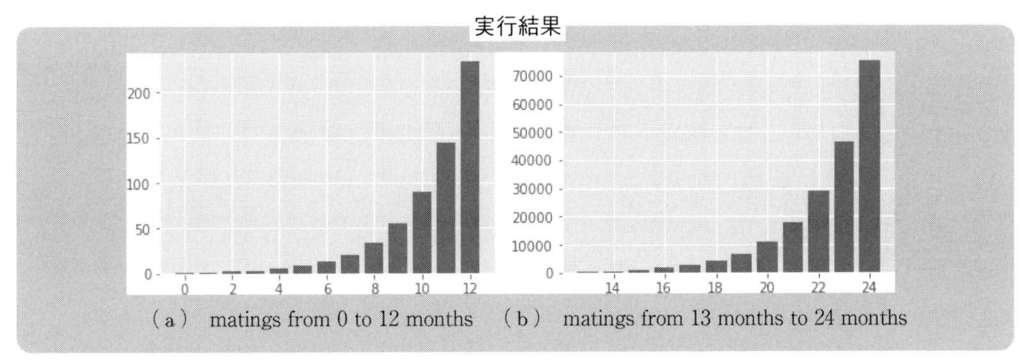

（a） matings from 0 to 12 months　（b） matings from 13 months to 24 months

2 年後にもなると，つがいの数は何と約 7 万 5 千まで上昇する．正確には，75,025．さらに，3 年後，10 年後と知りたくなるが，結果を得るまで相当待たねばならないので，**6.4 節**の効率化を習得してからこの難題に挑戦する．

定理 6.3.1（フィボナッチ数列の一般項（ビネの公式））　フィボナッチ数列の n 番目の数 f_n は，式（6.3.3）で表すことができる．この式は 1843 年にビネ（Jacques Philippe Marie Binet）が発表したことから**ビネの公式**（Binet's Formula）と呼ばれるが［Cormen09］，それ以前の 1730 年（ド・モアブル）［Cormen09］，1765 年（オイラー）［Cormen09］にも発表されており，ビネが最初の発見者ではなさそうである．**スクリプト 6.3.7** は，ビネの公式を用いてフィボナッチ数列を求める関数である．

$$f_n = \frac{1}{\sqrt{5}}\left\{\left(\frac{1+\sqrt{5}}{2}\right)^n - \left(\frac{1-\sqrt{5}}{2}\right)^n\right\} \tag{6.3.3}$$

スクリプト先頭のインポート文の箇所「import *」は，記号処理計算用のパッケージ sympy からすべての関数やクラスなどを import することを表す．

スクリプト 6.3.7

```
1 from sympy import *
2
3 def binet(n):
4     a, b = ((1 + sqrt(5))/2)**n, ((1 - sqrt(5))/2)**n
5     return (a - b)/sqrt(5)
```

```
1 for i in range(1, 21):
2     print(f'{int(simplify(binet(i)))}', end='  ')
```

実行結果

```
1  1  2  3  5  8  13  21  34  55  89  144  233  377  610  987  1597  2584
4181  6765
```

なお，この式に現れる $\frac{1+\sqrt{5}}{2}$ は，**例 2.6.2**，**例 5.2.2** で言及した黄金比である．

定理 6.3.2（フィボナッチ数列と黄金比）　フィボナッチ数列の隣り合う 2 項 f_{n+1}, f_n の比は黄金比に近づいていく．簡単なので証明してみる．

（証明）漸化式 $f_{n+2} = f_{n+1} + f_n$ の両辺を $f_{n+1}(>0)$ で割り，$b_n = \frac{f_{n+1}}{f_n}$ とおくと，$b_{n+1} = 1 + \frac{1}{b_n}$ を得る．数列 $\{b_n\}$ は単調減少列であるから b_n は不動点に収束する．その不動点を α とおき，両辺に α を掛け整理すると，$\alpha^2 - \alpha - 1 = 0$ を得る．$\alpha > 0$ より方程式を解くと，$\alpha = \frac{1+\sqrt{5}}{2}$ を得る．よって

$$\lim_{n\to\infty} b_n = \lim_{n\to\infty} \frac{f_{n+1}}{f_n} = \frac{1+\sqrt{5}}{2} \tag{6.3.4}$$

（4） 再帰関数が非効率な理由

【例 6.3.6】（再帰関数 fib() が非効率な理由）　関数の呼出し回数を数え，再帰関数 fib() がどうして非効率なのかを解明する．**スクリプト 6.3.8** で，その理由を解き明かす．

スクリプト 6.3.8

```
1 def fib_gl(n):
2     global calls
3     global cnts
4     calls += 1
5     cnts[n] = (cnts[n] + 1) if (n in cnts) else 1
6
7     if n == 0 or n == 1:
8         return 1
9     else:
```

```
10          return fib_gl(n-1) + fib_gl(n-2)
11
12 if __name__ == '__main__':
13     calls, cnts = 0, {}
14     fib_gl(30)
15     print(f'calls: {calls:,}')
16     for i in (1, 5, 10, 20, 30):
17         print(f'calls of fib({i}): {cnts[i]:,} times')
```

実行結果

```
calls: 2,692,537
calls of fib(1): 832,040 times
calls of fib(5): 121,393 times
calls of fib(10): 10,946 times
calls of fib(20): 89 times
calls of fib(30): 1 times
```

[コードの説明と考察]（スクリプト**6.3.8**）

1. 関数fib_gl(n)はn番目のフィボナッチ数を求める関数であるが，その過程でグローバル変数calls，cnts（#2-#3，#13）を用いてその振舞いを記憶している（#1）．
2. グローバル変数callsはfig_gl()の呼出し回数をカウントしている（#4）．
3. グローバル変数cntsは辞書cnts [key] = valueであり，keyはフィボナッチ数fib(n)のn，valueは関数実行でfib(n)の呼出し回数を記憶している．したがって#5で，三項演算子を使いnが既にcntsに登録されているときはcnts [n]の値を1増やし，そうでないときは1に初期化している．

fib(30)の計算では，関数呼び出し約269万回である．その過程でfib(1)，fib(5)，fib(10)をそれぞれ約83万回，12万回，1万回繰り返し呼出して計算している．結論として，**スクリプト6.3.5**のフィボナッチ数列の再帰関数実装は，小さい数の順番ほど繰り返し計算していて，効率の悪い実装であることがわかる（図**6.3.1**）．

[実行時間の解析]　　スクリプト**6.3.5**に従いfib(n)を計算したときの時間計算量を表す関数

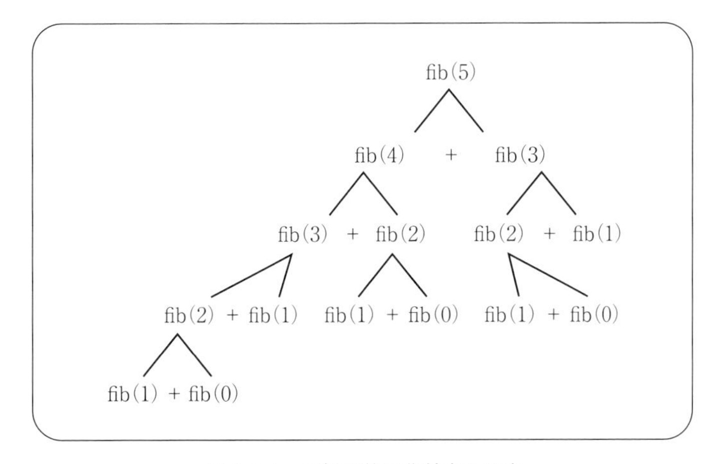

図**6.3.1**　再帰関数が非効率な理由

を $T(n)$ とする．fib(n)の関数定義から，$T(n) = T(n-1) + T(n-2) + c$ と表現できる．ここで，c は定数である．式から $T(n)$ の計算式は 2 分木を構成しその深さは n となる．深さ n の葉の数は完全 2 分木なので 2^n となる．各葉での計算量は $O(1)$ とみなされる．以上から，$T(n) = O(2^n)$.

6.3.4 回　　文

回文（palindrome）とは，日本語の名詞“しんぶんし”，英語の文“Able was I ere I saw Elba”，さらには数字列“12345678987654321”（これは 111111111^2 の値である）のように，前から読んでも後から読んでも同じ文字列や数字列である．ただし英文では，大文字小文字を同一視し，空白を除外した．回文は，言語理論的には**文脈自由文法**の言語クラスに属し，スタックがないと判別不可能である［Ushijima06］．この項では，回文を再帰関数を使って判定する問題を考察する．

（1） Python で回文

【例 6.3.7】（回文）　回文判定を再帰関数で記述する．

スクリプト 6.3.9

```
 1 def is_palindrome(s):
 2     def to_chars(s):
 3         s = s.lower()
 4         ls = [ltr for ltr in s if ltr.encode('utf-8').isalnum()]
 5         letters = ''.join(ls)
 6         return letters
 7
 8     def is_pal(s):
 9         if len(s) <= 1:
10             return True
11         else:
12             return s[0] == s[-1] and is_pal(s[1:-1])
13
14     return is_pal(to_chars(s))
```

［コードの説明］（スクリプト 6.3.9）

1. 関数 is_palindrome()は英数字の文字列を入力し†，回文になっているか否かに応じて True，False を返す（#1-#14）．
2. is_palindrom()には，二つの補助関数が含まれている．一つは to_chars()で，すべての文字を小文字に変換し（#3），その後，英数字以外をすべて削除して（#4）．各文字をを結合し（#5），その文字を返す（#6）．ここで，encode('utf-8') は文字列を utf-8 にエンコードする文字列のメソッドであり，isalnum()は文字列が英数字だけか否かを判定する

† 差し当たって，日本語は対象としない．

やはり文字列のメソッドである．''.join(ls)は，リストの要素である文字をすべて''（空列）で結合する文字列のメソッドであり，結果としてすべての文字をくっつける．

3. もう一つのis_pal()は，再帰的に入力文字列が回文になっているか否かを判定する関数である（#8-#12）．
4. 長さが1以下の文字列は無条件に回文である（#9-#10）．それ以外の場合は，先頭と末尾の文字を比較し，文字が一致したらその両端を取り除いた部分列が回文になっているか否かで入力全体が回文になっているか否かを判定する（#12）．
5. 本プログラムは，アルゴリズム的には縮小統治法に分類される手法である（**8.1**節参照）．

［回文の例］

1. Madam, I'm Adam.
2. a man, a plan, a canal, Panama!
3. Go Hang A Salami, I'm a Lasagna Hog!

```
1 S1 = "Madam, I¥'m Adam."
2 S2 = 'a man, a plan, a canal, Panama!'
3 S3 = "Go Hang A Salami, I¥'m a Lasagna Hog!"
4
5 is_palindrome(S1), is_palindrome(S2), is_palindrome(S3)
```

実行結果

```
(True, True, True)
```

1. 変数S1，S2，S3は，回文の例のそれぞれ1，2，3に対応する．
2. 文字列を，主にシングルクォート「'」またはダブルクォート「"」で囲って表した．S1ではアポストロフィー「'」があり，文字列を表すシングルクォートとの混乱を避けるために，文字列をダブルクォートで囲んで表した．また，「¥'」のようにエスケープ文字「¥」を使い，本来のシングルクォートの働きをキャンセルした．S3も同じ理由で，文字列を表すのにダブルクォートを使った．
3. is_parlindrome()で文字列をすべて小文字変換し，さらにアルファベット以外はすべてスキップし無視しているので，カンマ「,」やアポストロフィー「'」の有無は関係なくなる．S1は，カンマとアポストロフィーを同一視すると，両者を無視せずとも回文になっていておもしろい．

（2） 数の回文

回文は，テキストだけには限らない．数にも“121”のように回文がある．数なので**回数**になりそうであるが，混乱を引き起こしそうなので，数の場合も回文と呼ぶことにする．

【例 6.3.8】（数の回文）　手はじめに，数字1からなる数の掛け算が作る回文である．

$$
\begin{aligned}
1 \times 1 &= 1\\
11 \times 11 &= 121\\
111 \times 111 &= 12321\\
1111 \times 1111 &= 1234321\\
11111 \times 11111 &= 123454321
\end{aligned}
$$

関数による実装

はじめに，n 桁の数字1が作る回文の層を作る関数layer(n)を定義する．

スクリプト**6.3.10**

```
1 def layer(n, space=1):
2     num = int('1' * n)
3     sqr = num * num
4     s = f'{num} x {num}' + ' '*space + '=' + ' '*space + f'{sqr}'
5     print(s)
6     return sqr
```

```
1 s = str(layer(9))
2 is_palindrome(s)
```

実行結果

```
111111111 x 111111111 = 12345678987654321
True
```

［コードの説明］（スクリプト**6.3.10**）

1. 関数layer(n, space=1）の引数nは1の個数である．結果が回文になるためには，$1 \leq n \leq 9$を満たす必要がある（#1）．spaceは'='の前後の空白の数を表し，デフォルト値は1である．
2. 長さnの文字列'11 … 1'を作成し，この文字列を整数に型変換し，変数numに代入（#2）．
3. 回文を生成する掛け算を計算（#3）
4. #4のf文字列は，1行文の文字である．掛け算の後に，等号'='の前後にspace分だけ空白を確保し，続いてsqrの値を出力する．空白を入れたのは，次の例の「数の回文ピラミッド」を描画する関数pyramid()で回文の層がピラミッドらしく見えるようにするためである．
5. 意味がないかもしれないが，sqrを関数の結果として返す．

数の回文ピラミッド

スクリプト**6.3.11**

```
1 def pyramid(n):
2     for i in range(1, n+1):
3         print(' ' * (n-i), end='')
4         layer(i, n-i+1)
5     return None
```

```
pyramid(9)
```

実行結果

```
        1 x 1         =         1
       11 x 11        =        121
      111 x 111       =       12321
     1111 x 1111      =      1234321
    11111 x 11111     =     123454321
   111111 x 111111    =    12345654321
  1111111 x 1111111   =   1234567654321
 11111111 x 11111111  =  123456787654321
111111111 x 111111111 = 12345678987654321
```

関数 layer() を使って，数の回文ピラミッドを作成した．10 進数なので，ピラミッドタイプの回文は 9 が最下層の段になる．for ループの関数適用 layer(i, n−i + 1) により，i が増えるに従って 11…1 の長さが長くなり，同時に '=' の前後の空白の長さが短くなっていく．

（3） どんな数でも回文になる？

【例 6.3.9】（どんな数でも回文になる？）　次の操作を通して，どんな数でも回文になるかどうかを確かめる．

[回文への変換操作]

1. 最初に提示された数が回文なら操作は直ちに終了．
2. その数とその数を逆順にした数を足し，回文になるかどうかを確かめる．
3. 回文になればそこで終了する．
4. 回文にならなければ，2.以降の操作を続ける．

例えば，1432 の場合，数そのものは回文ではない．そこで，その数を逆順にした数 2341 を足すと

$$1432 + 2341 = 3773(0)$$

という回文になる．数の括弧の中の数字は足し算の際の繰り上げ回数を表す．それでは 382 の場合

$$382 + 283 = 665(1), 665 + 566 = 1231(3), 1231 + 1321 = 2552(0)$$

と 3 ステップ目で回文になった．足し算の結果繰り上げがなかった場合は，必ず回文になる（その証明は，自明）．しかし，この条件は結果が回文であるための十分条件ではあるが，必要条件ではない．例えば，47 + 74 = 121(2) のように 2 回の繰り上げがあったが，1 ステップ目で回文になる数 47 がある．59 は

$$59 + 95 = 154(2), 154 + 451 = 605(1), 605 + 506 = 1111(2)$$

のように各ステップで繰り上げがあるが，3 ステップ目で回文になった．それでは，この操作を自動化してみる．**スクリプト 6.3.12** は，文字列表現の整数 s，t を整数として足した場合のその和と繰り上げ回数を返す関数 carry() である．

スクリプト 6.3.12

```
1  def carry(s, t): # s,t: strings representing integers
2      s_rev, t_rev = s[::-1], t[::-1]
3      cnts, cy_up = 0, 0
4
5      for a, b in zip(s_rev, t_rev):
6          if int(a) + int(b) + cy_up >= 10:
7              cnts += 1
8              cy_up = 1
9          else:
10             cy_up = 0
11     return int(s) + int(t), cnts
```

［コードの説明］（スクリプト 6.3.12）

1. 繰り上げ回数を求めるため，#2 では，文字列 s，t を逆転し，その結果をそれぞれ s_rev，t_rev に代入．スライス演算［::-1］によって文字列を逆転することができる．
2. cnts は全体の繰り上げ回数，cy_up は前桁のキャリー分であり，ともに初期値は 0 である（#3）．
3. zip（s_rev，t_rev）によって，s_rev，t_rev から同時に文字として数を取り出し，#6-#10 によりその桁でのキャリーの判断，cnts の値の変化，cy_up の設定/リセットの処理を行っている．

スクリプト 6.3.13 の関数 convert_pal(n，limit = 1000）は，整数 n を回文に変換する関数であり，（ステップ i，i 番目の数の文字列表現，その逆順の数の文字列表現，その和，繰り上げ回数）からなるタプルのリストを返す．ただし，すべての数が回文に変換できるとは限らないので，ステップ数の上限 limit をデフォルトとして 1000 に設定した．

ほとんどの数は，1432 のように 1 回の変換操作で繰り上げなしで回文に変換される．また，382 のように数回の変換を得て，最後の変換では繰り上げ操作無しで回文になったり，59 のように数回の変換を得て，最後は繰り上げ有りでも回文になるケースもある．89，98 は，24 回の変換で回文になった．紙面の都合で確認と詳細な検討は演習とするが，n = 1186060307891929990 の場合，261 回の変換で回文になった．繰り上げ回数はどの変換過程でも多いが，260 回目の繰り上げ回数が 66 回なのに，261 回目ではその数は奇跡的に 0 になり，最終的に回文となった．また，196 の場合は，1000 回行っても回文にはならない．

スクリプト 6.3.13

```
1  def is_palindrome(s):
2      return s == s[::-1]
3
4  def convert_pal(n, limit=100000): # n: natural numbers
5      s = str(n)
6      counter = 0
7      hist = []
8
9      while (not is_palindrome(s)) and counter < limit:
```

```
10            r = s[::-1]
11            sum_tmp, cnts = carry(s, r)
12            counter +=1
13            hist.append((counter, s, r, sum_tmp, cnts))
14            s = str(sum_tmp)
15        return hist
16
17    [(i, convert_pal(i)[-1]) for i in [89, 98] if (convert_pal(i) != [])]
```

実行結果

```
[(89, (24, '1801200002107', '7012000021081', 8813200023188, 0)),
 (98, (24, '1801200002107', '7012000021081', 8813200023188, 0))]
```

［コードの説明］（スクリプト**6.3.13**）

1. is_palindrome(s)は，sが回文か否か判定する関数である（#1-#2）.
2. convert_pal(n, limit = 100000）の引数：nは回文に変換する最初の数，limitは変換回数の限度でありlimitになったら変換を止める．その初期値を1000に設定してある（#4）.
3. counterは変換回数を表し（#6），s（= str(n)）がまだ回文ではなく，かつcountの値がlimit未満であれば（#9），回文への変換プロセスを続ける.
4. sを逆にした文字列を変数rに代入し（#10），それぞれを整数に変換してその和を求め途中経過の変数sum_tmpに代入している（#11）.
5. histは変換過程を記した履歴であり，#7で初期化，#13で追加している．履歴はタプル(counter, s, r, sum_tmp, cnts）のリストで，最後のcntsはs，rを数として加算したときの桁上げ（キャリー）の回数である.

```
1  import time
2
3  t0 = time.time()
4  data = convert_pal(196, 100000)
5  t1 = time.time()
6  print(f'経過時間：{t1-t0:,.2f} sec')
7  data[-1][0], data[-1][-1], len(str(data[-1][-2]))
```

実行結果

```
経過時間：2,017.33 sec
(100000, 20394, 41490)
```

196を変換回数の限度100,000で回文に変換する．dataは変換の履歴，data［-1］は変換履歴の最後の状態を表すタプル（counter, s, r, sum_tmp, cnts）である．変換の結果，counter = 100000，cnts = 20394を得た.

6.4 再帰関数の効率化

6.4.1 再帰関数の実行の仕組み

【例 6.4.1】（再帰関数の実行の仕組み）　Python のデコレータは，その名の通り関数の飾り付けを行うラッパー関数である．デコレータの機能を使って，再帰関数の振る舞いを視覚化する．スクリプトを紹介する前に，簡単にデコレータについて説明する．

［説明］（デコレータについて）　**スクリプト 6.4.1** からわかるように，**デコレータ**（decorator）は，関数を引数として受け取り装飾された（デコレートされた）関数を返す，関数の関数（高階関数）である．

1. デコレータは，関数の以下の性質を用いて作られる．
   - 関数自身を変数に代入でき（性質 A），代入した変数に引数を渡して関数実行できる．
   - 関数の定義本体で更に補助関数を定義することができる（性質 B）．
   - 関数は，他の関数を引数に取ったり（性質 C），関数（特に，関数本体で定義した補助関数）を返すことができる（性質 D）．
2. デコレータ deco を作るには：①デコレータの引数に機能を追加したい関数 fun を渡す（性質 C）．②補助関数内で fun を実行させながら fun の機能を追加する（性質 B，性質 A）．仮引数の関数 fun に実関数を渡すのは，性質 A に他ならない．③デコレータの戻り値を補助関数にする（性質 D）．
3. デコレータ deco を使う場合は，関数 f を deco に渡し g = deco(f)，g をデコレートされた関数として使用・実行する．
4. 以下の表現は，代入式 f = deco(f)，のシンタックス・シュガーである．つまり，関数 f を定義したデコレータで装飾し，その結果を再度関数 f として再定義することである．

   @deco
   def f(..) :

スクリプト 6.4.1

```
1  def trace(fun): # デコレータ：再帰関数をトレースする
2      f_name = fun.__name__ # 関数名をキャッシュ
3      septr = '|   ' # セパレータ：再帰レベルを表示
4      trace.rec_dpth = 0 # 再帰の深さ
5
6      def traced_fun(*args, **kwargs):
7          print(f'{septr * trace.rec_dpth}|
8          -- {f_name}({", ".join(map(str, args))})')
```

```
 9         trace.rec_dpth += 1
10         result = fun(*args, **kwargs)
11         trace.rec_dpth -= 1
12         print(f'{septr * (trace.rec_dpth + 1)}|-- return {result}')
13         return result
14     return traced_fun
15
16 @trace
17 def factorial(n):
18     if n == 1:
19         return 1
20     else:
21         return n * factorial(n-1)
22
23 print(factorial(5))
```

実行結果

```
|-- factorial(5)
|   |-- factorial(4)
|   |   |-- factorial(3)
|   |   |   |-- factorial(2)
|   |   |   |   |-- factorial(1)
|   |   |   |   |   |-- return 1
|   |   |   |   |-- return 2
|   |   |   |-- return 6
|   |   |-- return 24
|   |-- return 120
120
```

[コードの説明]（スクリプト**6.4.1**）

1. trace はデコレータであり（#1），引数の関数 fun を補助関数 trace_fun を使って fuc をデコレート（#6-#14）．fun.__name__は関数 fun の関数名（#2）．
2. fun を修飾して補助関数 traced_fun を得る（#14）．したがって，fun にどんな引数が来てもいいように，補助関数の引数は可変長引数*args，**kwargs に設定（#6）．補助関数本体には，fun の修飾関数を記述（#7-#13）．
3. デコレータ trace が返すのは，fun を修飾した補助関数 traced_fun である（#14）．
4. #16 のデコレータ式により，等価な
   factorial = trace（factorial）
   が実行され，デコレートされた factorial(5)が実行される（#23）．

6.4.2 再帰関数の効率化

6.3.3 項（4）で調べたように，フィボナッチ数を与える再帰関数 fib()が非効率な理由は，この関数が同じ計算を何度も繰り返し行っているからであった．そこでこの項では，再帰関数の効率化技法について見ていく．

（1） 辞書によるフィボナッチ関数の効率化：記憶化

辞書を使ったフィボナッチ関数の効率化について述べる.

【例 6.4.2】（辞書によるフィボナッチ関数の効率化）　**例 6.3.4** の再帰関数 fib()は同じ計算を何度も行った. この繰り返し計算を避けるため, 一度計算したフィボナッチ数を記憶し, この値が必要になったら記憶した数を利用する. この方法を**記憶化**（memoization）と呼び, **動的計画法**（dynamic programming）の重要な技法の一つである. 以下のプログラムでは辞書 d を用い, n 番目のフィボナッチ数を d[n] で表す, つまり key は n, その value はフィボナッチ数 fib(n)である.

スクリプト **6.4.2**

```
 1 def fib_dict(n, d):
 2     global calls
 3     calls += 1
 4
 5     if n in d:
 6         return d[n]
 7     else:
 8         ans = fib_dict(n-1, d) + fib_dict(n-2, d)
 9         d[n] = ans
10         return ans
```

```
1 def test_fib_dict(lst): # fibonacci numbers of i in lst
2     for i in lst:
3         global calls
4         calls = 0
5         d = {0:1, 1:1}
6         print(f'fibnacci of {i}: {fib_dict(i, d):,}; called {calls} times')
```

```
test_fib_dict([36, 60, 120])
```

実行結果

```
fibnacci of 36: 24,157,817; called 71 times
fibnacci of 60: 2,504,730,781,961; called 119 times
fibnacci of 120: 8,670,007,398,507,948,658,051,921; called 239 times
```

［コードの説明と考察］（スクリプト **6.4.2**）

1. 辞書付きフィボナッチ関数 fib_dict()は, インデックス n の他に辞書 d を引数として加えた（#1).
2. calls はグローバル変数であり, fib_dict()の呼び出し回数をカウントする（#2). 関数 fib_dict()が呼び出される度に, calls の値を一つ増やしている（#3).
3. #5-#6 が記憶化技法の威力である. すでに計算済みであれば再度の計算は避け, 計算済みの結果を返す.
4. #7-#10 が新規インデックスの場合の処理である. n 番目のフィボナッチ数を計算してな

ければ，その値を計算し（#8），今後のために記憶化し（#9），その結果を返している（#10）．

例 6.3.5 では，3 年後のウサギの状況が気がかりになっていた．テストプログラムでは，3 年後，5 年後，10 年度の状況を調べた．3 年後のつがいの数は約 2500 万，5 年後は 2 兆 5000 億，10 年後は約 1 秭 2000 垓（1.2×10^{20}）である．気の遠くなる数である．関数の呼出し回数 calls はインデックスの約 2 倍になっている．fib(n)を計算するとき，fib(n-1)と fib(n-2)が必要になるからである．calls がこの程度に収まるのは，メモ化の恩恵である．

（2） 記憶化以外のフィボナッチ関数の効率化

【例 6.4.3】（リストを使ったフィボナッチ関数のもう一つの効率化）　本質は記憶化と同じであるが，フィボナッチ関数のもう一つの効率化に挑む．そのアイディアは極めて単純で，$fib(n)$ を求めるためにボトムアップで

$$fib(0), fib(1), \cdots, fib(n-1)$$

と $fib(0)$ からはじまって $fib(n-1)$ まで求め，その後 $fib(n)$ を計算する方法である．その過程で，$fib(i)$ を求める場合には，既に計算した $fib(i-1)$，$fib(i-2)$ を使って計算する．再帰関数版のフィボナッチ関数や辞書版のフィボナッチ関数の場合も，$fib(n)$ の計算には，実際には $fib(0), fib(1), \cdots, fib(n-1)$ の結果が必要となる．リストを使った効率化は，このボトムアップ計算を明示的に行う戦略である．以下のプログラムでは

$$ans = [fib(0), fib(1), \cdots, fib(i), \cdots]$$

を意図する配列をローカル変数として用いる．実は，この解法も動的計画法の一つであり，その基本は既述したように記憶化である．

スクリプト 6.4.3

```
 1 def fib_arr(n):
 2     arr = [None] * (n+1)
 3     for i in range(n+1):
 4         if i == 0 or i == 1:
 5             arr[i] = 1
 6         else:
 7             arr[i] = arr[i-1] + arr[i -2]
 8     return arr[n]
 9
10 print(f'{fib_arr(36):,}')
```

実行結果

```
24,157,817
```

本章のまとめ

本章では，機能の**分割**（decomposition）と**抽象化**（abstraction）を行う上で極めて重要な道具を提供する関数について，さらに深く学んだ．

- **名前空間**　変数や関数がその機能を果たすプログラムの中での範囲（**6.1** 節）.
- **スコープ**　変数や関数が有効な範囲．その範囲は，変数や関数がどの名前空間に所属しているかに依存する（**6.1** 節）.
- Python には，3 種類のスコープ：**ビルトインスコープ**，**グローバルスコープ**，**ローカルスコープ**がある（**6.1** 節）.
- Python では，仮引数と実引数を結び付ける方法が 2 種類：位置引数とキーワード引数である（**6.2** 節）.
- **位置引数**　呼び出し側で指定した順番に実引数を配置して呼び出す（**6.2** 節）.
- **キーワード引数**　仮引数の名前を使い仮引数と実引数を紐付ける（**6.2** 節）.
- **数学的帰納法**，あるいは**構造的帰納法**に基礎を置く定義法が**再帰的定義**であり，再帰的に定義された関数が**再帰関数**である（**6.3** 節）.
- ユークリッドの互除法，階乗関数，フィボナッチ数列，回文などを通して再帰関数を具体的に学んだ（**6.3** 節）.
- 再帰関数は同じ計算を何度も行うため，一般には効率が良くない（**6.3** 節）.
- 辞書による**記憶化**によって，再帰関数の実行を効率化できる．一度計算した結果を記憶し，同じ計算を 1 回だけしか行わないことである（**6.4** 節）.
- 記憶は辞書でなくても良い．例えばリストに記憶し，同じような効率化が実現できる（**6.4** 節）.

●理解度の確認●

問 6.1　例 **6.1.1** について，補助関数の局所変数 a，b を別な変数名に変更しても，プログラムは問題なく動くことを確かめよ.

問 6.2　**（可変長引数と再帰）** 可変長引数で与えられた数の総和を求める再帰関数を書け.

問 6.3　**（等差数列）** $a_5 = 3$，$a_{10} = -12$ である等差数列 a_n の一般項を与える再帰関数 a(n)を書き，a(5)，a(10)を求めよ（私立大学入試問題 2010 改題）.

問 6.4　**（等比数列）** 初項が 5，第 3 項が 20 の等比数列がある.

（1）　この等比数列 a_n の一般項を与える再帰関数 a(n)を書き，a(1)，a(3)を求めよ.

（2）　この数列の第 1 項から第 n 項までの和を求める関数 s(n)を書け（私立大学入試問題改題）.

問 6.5　**（等価判定関数）** 次の関数を作成・検討せよ.

（1）　2 つの文字列 s，t が等しいかどうかを判定する再帰関数 compare(s，t）を書け.

（2）　（1）以外で，2 つの文字列 s，t が等しいかどうかを判定する関数を思いつくだけ書け.

（3）　（1）に関し，文字列の代わりにタプル，リストの場合はどのような関数になるかを検討せよ.

（4）　（1）に関し，対象が集合，辞書の場合はどのような関数になるか検討せよ.

問 6.6　**（回文（palindrome））** 回文（palindrome）とは，'aba'，'しんぶんし' のように前から読んでも後から読んでも同じ文字列であった．文字列 s が回分であるかどうかを判定する関数 parling(s)を思いつくだけ書け.

7 オブジェクト指向プログラミング

本章では，データのオブジェクト化であるオブジェクト指向プログラミングについて学ぶ．

オブジェクトとは，属性とそれを操作するメソッドからなる集合体である．オブジェクト指向型プログラミングの指針は，複数のオブジェクトを関連させてシステムを構築することである．

本章では，オブジェクト指向プログラミングの基礎と同パラダイムによる問題解決について述べる．ここで，パラダイム（**paradigm**）とは，プログラミング分野では計算モデルあるいはプログラミングの流儀を表す術語である．

以下に，同パラダイムにおける基本用語と特徴を列記する．

基本用語

- オブジェクト，インスタンス，クラス，コンストラクタ，インスタンス変数，クラス変数，インスタンスメソッド，クラスメソッド，スーパークラス，サブクラス

特　徴

- カプセル化，抽象化，継承（インヘリタンス），ポリモーフィズム（多相性）

7.1 オブジェクト指向とは

オブジェクト指向パラダイム（Object Oriented Pradigm）とは，データを**オブジェクト**（object）とみなし，計算はオブジェクト間のメッセージ交換であるとした考え方である．オブジェクト指向プログラミングは，プログラミング言語 Simula 67 に端を発し，Smalltalk-80 によって広く知られた．今日では，C++，Java，Python をはじめ，プログラミング言語の多くがオブジェクト指向の機能を備えている［Althoff16, IEICE］．

オブジェクト指向モデルでは，メッセージは**メソッド**（method）と呼ばれ，そのオブジェクトへの操作とその実引数からなる．言い換えると，構造的には，オブジェクトはメソッドの集合と**属性**（attribute）の集合からなる．オブジェクトの内部状態は属性の値によって完全に決まり，一般にこの内部状態は外部から隠蔽されアクセスできない（Python ではすべて見え，精神論的に隠蔽を規定している）．また，メソッドは固有な引数を取り，実引数を伴ったメソッド呼び出しがそのオブジェクトへのメッセージとなる．

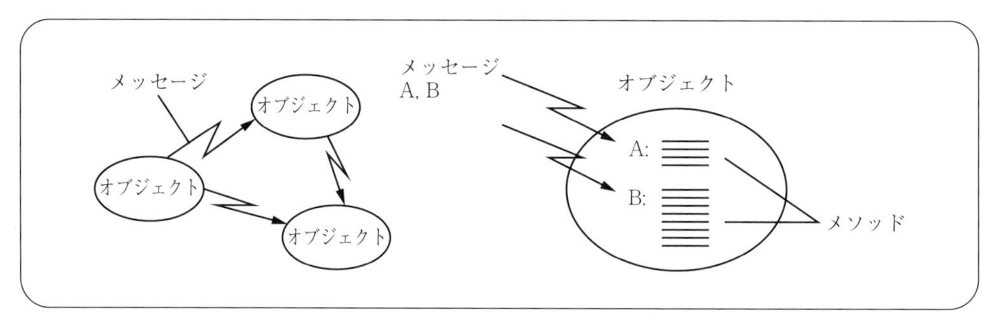

図 7.1.1　オブジェクトとメッセージ†

【例 7.1.1】（オブジェクトの例）　たとえば，複素数はそれぞれ実部，虚部を表す real, imag という属性と，共役複素数を返すメソッド conjugate() からなるオブジェクトである．したがって

$$(2+3j).real=2.0,\ (2+3j).imag=3.0,\ (2+3j).conjugate()=(2-3j)$$

である．前者 2 式は，複素数オブジェクト 2+3j の属性へのアクセスであるが，最後の式はオブジェクト 2+3j へのメッセージ conjugate() を表し，複素数オブジェクトがこのメッセージに返答して，メッセージ（2 − 3j）を応答結果として返した．

C++や Java のようなオブジェクト指向言語では，属性を**フィールド**（field），フィールドと

† 電子情報通信学会『知識の森』4-2 オブジェクト指向（http://www.ieice-hbkb.org/）

メソッドを総称して**メンバ**（member）ということもある．

7.2 クラスの定義

オブジェクトの設計図となるひな型を**クラス**（class）という．クラス定義の枠組みは，オブジェクトを作るための設計図である．一方，**インスタンス**（instance）とは，この設計図から作られたオブジェクトであり，各属性には現在の値が記録されている．メソッドの詳細もクラス定義に記述される．本節では，クラス定義について述べる．

7.2.1 クラス定義

Python ではクラスと型は同じ概念であり，クラスを新しく定義することは新しい型を作ることを意味する．クラスを**図 7.2.1**（a）の構文で定義する．予約語 class に続いてクラス名（ClassName）を書き，継承元となるクラス名，つまり**スーパークラス**を括弧（）の中に書く（スーパークラスについては，**7.3 節**で詳しく述べる）．スーパークラスは省略できる．継承元クラスを省略した場合，あるいは明示的に object と書いた場合は，すべてのクラス継承の元となる object を継承していることを意味する†．

```
class ClassName(継承元クラス):
    class_definition
```

（a） クラスの定義

```
obj = ClassName(パラメータ)
```

（b） クラスインスタンスの作成

図 7.2.1　クラス定義とクラスインスタンスの作成

定義したクラスから新しいオブジェクトを作成するには，**図 7.2.1**（b）の代入文「obj = クラス名（パラメータ）」を実行する．クラス名と同じ識別名の**コンストラクタ**（constructor）†† にクラス定義で指定されたパラメータを渡し，クラスのインスタンスを生成し，変数（例えば）obj に代入する．この操作を**インスタンス化**（instantiation）と呼ぶ．その結果，変数 obj はクラスから作られたオブジェクトである．

【例 7.2.1】（一番シンプルなクラス）　**スクリプト 7.2.1** は，Person というクラス定義で

† PEP8 より，クラス名は常に先頭を大文字にするのがルールである．クラス名が複数の単語からなる場合は，ClassName のようにすべての単語の頭文字を大文字にし，そのままつなげて表す．

†† **イニシャライザ**（initializer）とも呼ばれる．

ある．クラス定義本体はインデントされる．本定義本体はpassのため，何もしない．変数hanakoがPersonクラスのインスタンスである．

スクリプト**7.2.1**

```
1  class Person:
2      pass
3
4  hanako = Person()
```

インスタンス属性を**インスタンス変数**（instance variable）とも呼ぶ．変数は名前でしかない．Pythonの場合，新たなインスタンス変数への代入を行った段階で，そのインスタンスにだけ新規なインスタンス変数が追加される（**Pythonの特徴**）．つまり，**図7.2.2**（a）の代入文により，インスタンスに新規の属性名とその属性値を設定できる．また，属性名が既存の場合は，同図（a）は属性値の変更になる．属性にアクセスする場合は，同図（b）のように書く．インスタンス属性のこのような仕組みは，変数の場合と同様である．つまり，Pythonにおいては，**「ある名前空間で新たな変数に代入を行った場合，その名前空間に新規の変数が追加される」**という精神が至るところで発揮されている．

インスタンス.属性名 = 属性値	インスタンス.属性名
（a）インスタンス属性の新規定義（属性値の変更を含む）	（b）インスタンス属性の参照

図7.2.2　インスタンス属性の作成と参照

```
1  hanako.name = 'hanako'
2  hanako.age = 21
3  print(f'(1) name: {hanako.name}, age: {hanako.age}, for hanako')
4  hanako.age = 20 # hanako's age is changed
5  print(f'(2) correct age: {hanako.age}, for hanako')
```

実行結果

```
(1) name: hanako, age: 21, for hanako
(2) correct age: 20, for hanako
```

インスタンス同様，クラス属性を**クラス変数**（class variable）とも呼ぶ．インスタンス変数同様，新たなクラス変数への代入を行った段階で，新規のクラス変数が生成される．その仕組を図にしたのが**図7.2.3**である．図（a）の代入文により，そのクラスに共通する値をクラス属性値として設定できる．その値は，Person.number，hanako.number，taro.numberのように，図（b）の形式でクラス属性にアクセスできる．

クラス.クラス属性名 = 属性値	クラス.クラス属性名, インスタンス.クラス属性名
（a） クラス属性の新規定義 （属性値の変更を含む）	（b） クラス属性の参照

図 **7.2.3**　クラス属性の作成と参照

```
1  taro = Person()
2  taro.name, taro.age = 'taro', 23
3  Person.number = 2
4  print(f'クラス変数 Person.number: {Person.number}, taro.number: {taro.number}')
```

実行結果

```
クラス変数 Person.number: 2, taro.number: 2
```

クラス変数の値は,「インスタンス.クラス変数」としても参照することができる．だから，taro.number を参照したら 2 になった．しかし，クラス変数はインスタンスではなくクラス全体の属性なので，クラス変数を参照する場合は「クラス.クラス変数」とし，インスタンスを介してクラス変数の値を参照すべきではない．

【例 7.2.2】（クラスの例：分数計算）　Python の標準ライブラリである fractions モジュールを使うと，浮動小数点を使わず分数のままで分数計算ができる．fractions モジュールから Fraction クラスをインポートし，分数インスタンスを生成する．$\frac{1}{2}+\frac{1}{3}$ を計算してみる．

スクリプト **7.2.2**

```
1  from fractions import Fraction
2  a = Fraction(1, 2)
3  b = Fraction(1, 3)
4  a + b, type(a + b)
```

実行結果

```
(Fraction(5, 6), fractions.Fraction)
```

a，b は，Fraction クラスのコンストラクタ（クラスと同じ表現）にパラメータを与え作成されたインスタンス．足し算の結果のタイプは，a，b と同じ型 fractions.Fraction が返ってきた．Fraction に分数を ‘2/3’ と文字列として入力してもよい．Fraction も小数を引数として渡すと，小数に近い分数（有理数）を返す．

```
Fraction('2/3'), Fraction(0.66), 5944751508129055/9007199254740992
```

実行結果

```
(Fraction(2, 3), Fraction(5944751508129055, 9007199254740992), 0.66)
```

分数 '2/3' を引数にした Fraction('2/3') の値は Fraction(2, 3) である．では，引数に Fraction(0.66) のように $\frac{2}{3}$ に近い浮動小数点数を与えると，この数に最も近い有理数 Fraction (5944751508129055, 9007199254740992) を返してくれる．つまり

$$\frac{5944751508129055}{9007199254740992} \sim 0.66$$

この結果を確認するため，有理数表現の分子を分母で割った式を評価した．0.66 で意図した数が評価値として帰ってきた．さらに，頻出タイプの中学入試問題にも適用でき，完答することができる．

$$\left(\frac{20}{17} + \square\right) \times \frac{1}{9} = 1 + 2 \div \left(\frac{1}{4} + \frac{3}{5}\right)$$

$$\frac{1}{6} + \frac{1}{12} + \frac{1}{20} + \frac{1}{30} + \frac{1}{42} + \frac{1}{56}$$

7.2.2 インスタンス属性・インスタンスメソッド

クラス内に定義した関数は，**メソッド**（method）と呼ばれる．__init__() がインスタンス化の際に呼ばれるメソッドで，**特殊メソッド**に分類される†．このメソッドはインスタンスの生成・初期化として用いられ，**コンストラクタ**（constructor），あるいは**イニシャライザ**（initializer）と呼ばれる．

【例 7.2.3】（クラス定義の例）　少し複雑な Person クラスの定義を与える．

スクリプト 7.2.3

```
 1 class Person:
 2     def __init__(self, name, age):
 3         self.name = name
 4         self.age = age
 5 
 6     def set_name(self, name):
 7         self.name = name
 8 
 9     def get_name(self):
10         return self.name
11 
12     def set_age(self, age):
13         self.age = age
14 
15     def get_age(self):
16         return self.age
```

† __init__() 以外に多くの特殊メソッドがある．

```
17
18      def __str__(self):
19          return f'Hello! I am {self.name} and {self.age} years old.'
20
21  hanako = Person('hanako', 21)
22  print(f'(1) hanakoの名前：{hanako.get_name()}, 年齢：{hanako.get_age()}')
23  print(f'(2) {hanako}')
```

実行結果

```
(1)hanakoの名前：hanako, 年齢：21
(2)Hello! I am hanako and 21 years old.
```

[コードの説明]（スクリプト**7.2.3**）　メソッド定義の最初の引数（self）は作成されたインスタンスを表し，慣習的にselfと記述される[†]．selfにより，インスタンスに固有の値を持たせることができる．具体的には，**図7.2.4**（a）の形式により，そのインスタンスに固有の値を属性値として設定できる．その属性値には，hanako.name，hanako.ageのようにアクセスできる．また，インスタンスメソッドは，同図（b）の形式に合わせ，hanako.get_name()やhanako.get_age()のように呼び出すことができる．

1. #21のPerson('hanako', 21）の処理で最初に呼ばれるのは，#2-#4のコンストラクタである．コンストラクタPersonの引数hanako，21がインスタンス属性（インスタンス変数）name，ageに設定され，#22でそれらの値が正確に出力される．
2. #6-#7，#12-#13は，インスタンス属性を設定する（インスタンス）メソッドであり，**セッター**（setter）と呼ばれる．一方，#9-#10，#15-#16は，インスタンス属性の値を引き出すメソッドであり，**ゲッター**（getter）と呼ばれる．
3. #18-#19は，print(obj）やstr(obj）のように，Personオブジェクトobjが文字列として評価されるときの特殊メソッドであり，#23がその例である．

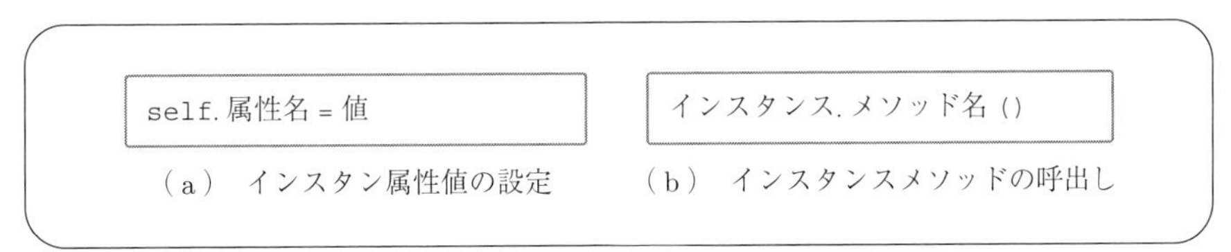

図7.2.4　インスタンス属性の設定とインスタンスメソッドの呼出し

【例7.2.4】（クラス定義の例その**2**）　少し込み入ったメソッドを有するPersonクラスの定義を与える．ageメソッドを少し複雑にした．誕生日の情報を用い，当日の正確な満年齢を示すようにした．

---
† Javaのthisに相当．

スクリプト 7.2.4

```
1  import datetime  # we will use this for date objects
2
3  class Person(object):
4      def __init__(self, name, birthdate):
5          self.name = name
6          self.birthdate = birthdate
7
8      def age(self):
9          today = datetime.date.today()
10         age = today.year - self.birthdate.year
11         if today < datetime.date(today.year,
12                                  self.birthdate.month,
13                                  self.birthdate.day):
14             age -= 1
15         return age
16
17 hanako = Person('hanako', datetime.date(1991, 10, 6))
18 print(hanako.age())
```

実行結果

```
29
```

［コードの説明］（スクリプト 7.2.4）

1. datetime は名前のごとく，日時に関するモジュールである（#1）．
2. #4-#6 は，コンストラクタであり，名前（name）と誕生日（birthdate）をインスタンス属性として指定している．
3. #8-#15 が，age インスタンスメソッドの設定である．#9 で，今日の日付を doday に代入．#10 で，今日と誕生日の年レベルでの差分を計算，結果は age に代入．#11-#14 で，今日現在が誕生日前ならば，age を 1 才引いている．
4. #17 が hanako の作成であり，今日現在の満年齢は #18 の出力結果である．もちろん，結果は，今日の年月日に依存する．

7.2.3 クラス属性・クラスメソッド

クラス属性・クラスメソッドは少し込み入っているので，初めに両者についてまとめる．

クラス属性（クラス変数）：クラスで共通な属性（変数）（属性，変数は同じ意味）

- クラス内で self なしで定義した属性（変数）は，クラス属性（クラス変数）とみなされる．
- 「クラス名. クラス属性名 = 値」でも，クラス属性を新規定義できる．
- 「クラス名. クラス属性名」，「インスタンス名. クラス属性名」で参照できる（後者は，勧めない）．

クラスメソッド：クラスで共通なメソッド

- 引数（たとえば self）なしでクラス内で定義したメソッドは，クラスメソッド：

この場合のメソッドの参照は，「クラス名.メソッド名()」となる．

- @classmethod デコレータ式によるメソッド定義：
  self を引数に加える．この場合のメソッドの参照は，クラス名.メソッド名()，インスタンス名.メソッド名()となる（後者は，勧めない）．デコレータについては，例 **6.4.1** で詳細に既述した．つまり，関数装飾の関数の関数である．メソッドは関数的働きをするので，@classmethod デコレータ式は，メソッド定義をクラスメソッドとして装飾するデコレータを施すことを意味する．

スクリプト 7.2.5 に，クラス内で定義したクラス属性とクラスメソッドの例を示す．#9 の @classmethod デコレータにより，メソッド cum_cal はクラスメソッドとして定義され，したがって，#15 で当該クラスのオブジェクト数を正しくカウントしている．

スクリプト **7.2.5**

```
1  class Person:
2      number = 0 # class attribute (variable)
3
4      def __init__(self, name, age):
5          self.name = name
6          self.age = age
7          Person.number += 1
8
9      @classmethod
10     def cum_cal(self): # class method
11         print(Person.number, 'person(s) created.')
12
13 hanako = Person('hanako', 20)
14 taro = Person('taro', 25)
15 Person.cum_cal()
```

実行結果

```
2 person(s) created.
```

7.3 クラスの継承

継承（inheritance）とは，親クラスから属性，メソッドを引き継いで，別の新たなクラスを作ることである．既存のクラスを拡張・変更する場合も，継承を使用する．元のクラスを継承して作ったクラスを**サブクラス**（subclass），**子クラス**（child class），**派生クラス**（derived class）などと呼び，元のクラスを**スーパークラス**（super class），**親クラス**（parent class），**基底クラス**（base class）などと呼ぶ．スーパークラスを継承して作ったサブクラスでは，スーパークラスの属性，特殊メソッドやインスタンスメソッドを未指定で使用できる．クラスの継承を次のように書く.

class サブクラス名（スーパークラス名）:

【例 7.3.1】（クラスの継承）　**スクリプト 7.3.1** では，Circle クラスを継承して Cone クラスを作り，特殊メソッドを上書きし，円錐の体積を求めるインスタンスメソッド volume()を追加する.

スクリプト 7.3.1

```
1  import numpy as np
2
3  class Circle():
4      def __init__(self, radius):
5          self.r = radius
6
7      def area(self):
8          return np.pi * self.r**2
9
10     def circum(self):
11         return 2 * np.pi * self.r
12
13 class Cone(Circle):  # ←Circle クラスを継承
14     def __init__(self, radius, height):  # ←特殊メソッドを上書き
15         self.r = radius
16         self.h = height
17
18     def volume(self):  # ←インスタンスメソッドを追加
19         return np.pi * self.r **2 * self.h/3
```

特殊メソッド__init__を上書きして属性に height（= 高さ）を追加しているので（#14-#16），Cone クラスのインスタンスを作るには，引数を二つ指定する.

```
cone = Cone(5, 10) # radius:5, height:10
```

スーパークラスのメソッドはそのまま使用でき，サブクラスで新たに定義した円錐の体積を求めるメソッドも使用できる．サブクラスで上書き，新規追加した属性・メソッドは，スーパークラスには影響しない.

```
1  print(f'円錐の面積：{cone.area():.2f}', end='; ')
2  print(f'底面の円周：{cone.circum():.2f}', end='; ')
3  print(f'体積：{cone.volume():.2f}')
```

実行結果

```
円錐の面積：78.54；　底面の円周：31.42；　体積：261.80
```

7.4 オブジェクト指向プログラミングの醍醐味

7.4.1 イテラブルクラス・イテレータクラスの実装

5.3 節では，イテラブル（反復可能）オブジェクトによる繰り返し（for ループ）について述べた．Python の繰り返し処理を担っているのがイテラブル・オブジェクト，イテレータ・オブジェクトによる二人三脚である．for 文の構造を再掲する：

　　　　for 変数 in イテラブル・オブジェクト/イテレータ・オブジェクト：

　　　　　　block

in の後にはイテラブル・オブジェクト，あるいはイテレータがくる．range(n)のようなイテラブル・オブジェクトの場合は，特殊メソッド__iter__()によってイテレータが生成される．その後は，特殊メソッド__next__()によってイテラブル・オブジェクトの要素が「変数」に渡され，最後にきたら Stop_Iteration 例外が発生し，ループを終了する．イテラブルクラス，イテレータクラスについてまとめる．

イテラブルクラス

- イテラブル（**Iterable**）クラスとは，イテレータを返す特殊メソッド__iter__()が定義されたクラスである．つまり，反復処理のデータを提供するクラスがイテラブルクラスであり，反復処理を行うのが次のイテレータクラスである．

イテレータクラス

- イテレータ（**Iterator**）クラスとは，メソッド__iter__()，__next__()が定義されたクラスである．
- __iter__()は，iterator オブジェクトを返す特殊メソッドである．
- __next__()は，要素を反復して取り出すことのできる特殊メソッドである．

1. リストやタプル，辞書，集合は典型的な反復可能クラスである．これらは内部にイテレータを持ち，for 文などの反復処理には，これらの特殊メソッドが使われる．
2. Iterable は Iterator の親クラスである．Iterable は繰り返しに関する抽象クラスであり，データの走査方法の役割を担うのが Iterator クラスである．

【例 7.4.1】（イテラブルクラス・イテレータクラスの実装）　collections.abc モジュールを用いて，抽象クラス Iterable を継承したイテラブルクラスを実装する．abc とは，abstract base class であり，これを継承しておくことで，必要なメソッドを忘れることなく実装できる．**スクリプト7.4.1**にイテラブルクラスFoo，イテレータクラスFooIteratorの実装を示す．

スクリプト7.4.1

```
1  import collections.abc
2
3  class Foo(collections.abc.Iterable): # Iterable class
4      def __init__(self):
5          self._ls = [0,1,2]
6
7      def __iter__(self):             # __iter__()を実装
8          return FooIterator(self)   # イテレータを返す
9
10 ## (collections.abc.Iteratorを継承しているので，__iter__は自動で定義)
11 class FooIterator(collections.abc.Iterator):
12     def __init__(self, foo): # fooはイテラブル・オブジェクト
13         self._i = 0           # 初期値
14         self._foo = foo
15
16     def __next__(self): #  __next__を実装する必要がある
17         try:
18             count = self._foo._ls[self._i]
19             self._i += 1
20             return count
21         except IndexError:
22             raise StopIteration # StopIteration()を送出する
```

[コードの説明]（スクリプト**7.4.1**について）

1. Fooはイテラブルクラスであり（#3），コンストラクタによりプライベート属性_lsを有するインスタンスを生成する（#4-#5）．_lsはイテラブル・オブジェクトの実体を表すプライベート属性であり，リスト［0, 1, 2］で初期化される．このリストが繰り返しオブジェクトの実体である．
2. __iter__()特殊メソッドにより，イテレータクラスのインスタンスFooIterator(self)を取得する．selfはインスタンス化されたイテラブル・オブジェクト自分自身である（#7-#8）．つまり，自分自身を実体として，イテレータを生成する．
3. FooIteratorはイテレータクラスであり（#11），コンストラクタによりプライベート属性_i, _fooを有するインスタンスを生成する．_iは繰り返しを制御するインデックスであり，0で初期化される．_fooはイテラブル・オブジェクトを表すプライベート属性であり，イテラブル・オブジェクトが代入される（#12-#14）．
4. __next__()は繰り返しを制御する特殊メソッドであり，実行によってインデックス_iのイテラブル・オブジェクト要素を返す（#20）．インデックスが最後に来たら，StopIteration例外を発生させる（#21-#22）．
5. #18の2つのselfは，FooIteratorコンストラクタによって生成されるインスタンスを表

し，self._foo（これは，Fooのインスタンス）の属性_lsの値であるリスト中，自分が管理しているインデックスself._iの値をcountとしている．

Fooによりインスタンスfooを作成し，メソッド__iter__()によってイテレータiter_fooを作成．その後は，メソッド__next__()によって中身を表示．ただし，繰り返し制御はrange(3)によるfor文で行う．

スクリプト7.4.2

```
1  foo = Foo() # イテラブル・オブジェクトを生成
2  iter_foo = foo.__iter__() # __iter__ メソッドを呼び出し，
3      # 自分自身をイテラブル・オブジェクトとするイテレータを取得
4      # FooIterator(foo)でも可
5
6  for i in range(3):
7      print(f'{iter_foo.__next__()}/ ', end='')
```

実行結果

```
0/ 1/ 2/
```

Iteratorオブジェクトを直接操作するときは，組み込み関数iter(iterable)，next(iterator)を用いる．両者は外向きの関数で，iterはイテラブル・オブジェクトiterableを引数に取り，イテレータを返す．一方，nextはイテレータiteratorを引数に取り，イテラブル・オブジェクトの次の要素を返す．両者は実際には，対応するオブジェクトの内向きのメソッド__iter__()，__next__()をそれぞれ呼び出す．**スクリプト7.4.3**は両組み込み関数を使用した場合のスクリプトである．

スクリプト7.4.3

```
1  iter_foo = iter(Foo())
2  for i in range(3):
3      print(f'{next(iter_foo)}/ ', end='')
```

実行結果

```
0/ 1/ 2/
```

スクリプト7.4.4のように，イテラブル・オブジェクト作成し，イテレータを必要とするコンテキストに置くと，自動的にイテレータが作成され，陽に関数next()やメソッド__next__()を用いずとも，繰り返し処理を実現できる．

スクリプト7.4.4

```
1  foo = Foo()
2  for i in range(3):
3      print(f'{i}', end='/ ')
```

実行結果

```
0/ 1/ 2/
```

7.4.2 カプセル化

(1) オブジェクト指向プログラミングの4大要素

オブジェクト指向プログラミングには，以下の4つの主要な概念がある．

- **カプセル化**（encapsulation）は，次の二つが基本となる．
  - オブジェクトごとに，属性とメソッドをまとめる．
  - データをクラス内に書き，外から見えないようにする．

  前者は，「共通の属性を持つオブジェクトごとに，固有の属性とメソッドでクラスを定義する」という，オブジェクト指向プログラミングにおけるオブジェクトの抽象化を反映している．後者は，オブジェクト指向プログラミングでは，「オブジェクト（インスタンス）のデータは，メソッドを通じて操作する」ということを主張している．
- **抽象化**（abstraction）とは，「対象から些細な特徴を除いて，本質的な特徴だけを集めた状態にする」という操作の概念である．つまり，詳細を忘れ本質的な特徴だけで対象を表現することが本質である．オブジェクト指向プログラミングでは，クラスでインスタンスの属性を定義する時に，不要な詳細を省略する時に抽象化を使う．
- **ポリモルフィズム**（polymorphism）とは，同じメッセージ（メソッド）でも，受け手のオブジェクトのクラスによって，処理（意味）が異なるという機能である．つまり，同じインタフェイスでありながら，データの型に合わせて異なる動作をする機能という概念である．ポリモルフィズムは，**多相性**，**多態性**，**多様性**などと呼ばれるときもある．
- **継承**（inheritance）とは，すでに作成したクラスを再利用して機能拡張する仕組みのことである（**7.3**節再参照）．

Python は，Java や Ruby と同じように，これらの4大要素を全て提供している．抽象化，ポリモルフィズム，継承については既述したので，カプセル化についてだけ言及する．

(2) カプセル化

カプセル化の概要は既述した．さっそく，例で確認する．

【例 7.4.2】（カプセル化）　はじめに，Data クラスを作る．

スクリプト 7.4.5

```
1  class Data:
2      def __init__(self):
3          self.nums = [1, 2, 3, 4, 5]
4      def change_data(self, index, n):
5          self.nums[index] = n
```

次に，このクラスから二つのインスタンスを作り，インスタンス変数の値を変更する．

```
1  # インスタンス変数numをクラスの外側から直接変更する
2  data1 = Data()
3  data1.nums[0] = 100
4  print(data1.nums)
```

```
5 # インスタンス変数numをクラスで定義したメソッドを使って変更する
6 data2 = Data()
7 data2.change_data(0, 100)
8 print(data2.nums)
```

実行結果

```
[100, 2, 3, 4, 5]
[100, 2, 3, 4, 5]
```

どの方法でも，インスタンス変数numの値を変更している．しかし，前者では，クラス内で定義したメソッドを使わずに，クラスの外側から直接書き換えている．多くのプログラミング言語では，この問題に対して，**プライベート変数**や，**プライベートメソッド**を作り，オブジェクトの外から参照や操作ができないようにして対処している．しかし，Pythonでは，全てのデータは，外から直接操作することができるパブリック変数である．そのため，Pythonでは，外からアクセスして欲しくない変数やメソッドには，名前の前にアンダースコア（_）を付ける．これによって，Pythonのプログラマーは，アンダースコアから始まっている変数やメソッドは，触ってはいけないものと認識する．

【例7.4.3】（Pythonにおけるプライベート化）　Pythonにおけるプライベート変数，プライベートメソッドの扱いを，**スクリプト7.4.6**に示す．

スクリプト7.4.6

```
1  class PublicPrivateExample:
2      def __init__(self):
3          self.public = "safe"
4          self._unsafe = "unsafe"  # 変数が _ で始まっている
5
6      # 使ってよいメソッド
7      def public_method(self):
8          pass
9
10     # 使うべきではないメソッド
11     def _unsafe_method(self):  # メソッドが _ で始まっている
12         pass
```

本章のまとめ

この章では，オブジェクト指向プログラミングについて深く学んだ．

- **オブジェクト指向パラダイム**　データを**オブジェクト**とみなし，計算はオブジェクト間の**メッセージ交換**であるとした考え方（**7.1節**）．
- Pythonではクラスと型は同じもの（概念）であり，クラスを新しく定義することは新しい型を作ることを意味する．
- **インスタンス化**　クラスから新しいオブジェクトを作ること（**7.2節**）．

- クラス内に定義した関数は，**メソッド**と呼ばれる．__init__ がインスタンス化の際に呼ばれるメソッドで，**コンストラクタ**，あるいは**イニシャライザ**と呼ばれる（**7.2節**）．
- クラス内の変数は，クラス属性（クラス変数）である（**7.2節**）．
- クラス属性への参照は，「クラス名.クラス属性名」となる（**7.2節**）．
- self 無しでクラス内で定義したメソッドは，**クラスメソッド**である．その参照は，「クラス名.メソッド名()」となる（**7.2節**）．
- **継承**　既存のクラスを引き継いで，新たなクラスを作ること（**7.3節**）．
- 元のクラスを継承して作ったクラスを**サブクラス**，**子クラス**，**派生クラス**などと呼び，元のクラスを**スーパークラス**，**親クラス**，**基底クラス**などと呼ぶ（**7.3節**）．
- スーパークラスを継承して作ったサブクラスでは，スーパークラスの属性，特殊メソッドやインスタンスメソッドを未指定で使用できる（**7.3節**）．
- オブジェクト指向プログラミングの醍醐味を味った（**7.4節**）．

●理解度の確認●

問7.1　**4.4.3 代数的仕様記述例**におけるスタック，キューの代数的仕様記述［IEICE］，**4.4.3 項スタッフのクラス定義と応用**におけるスタックのクラス定義，及び **4.4.4 項キューのクラス定義と応用**におけるキューのクラス定義を参照し，スタックとキューの2つの性質を有する deque のクラス定義と応用例を与えよ．Python の標準モジュール collections のクラス deque が参考になる（**付録6.** deque を参照）．

問7.2　（**標準モジュール turtle**）

Python にはタートル・グラフィックスを描画するための標準モジュール turtle がある．

```
import turtle
t = turtle.Turtle()
```

で亀 t が生成される．クラス Turtle のコンストラクタ Turtle() で，何匹でも亀を生成することができる．亀には，歩かせたり，線の色を変えたり，座標を設定したり非常に興味深いインスタンスメソッドが用意されている．亀を歩かせ，その軌跡を眺めてみると思わぬ発見がある．ぜひ，詳細を調べられたい．

8 問題解決とプログラミング

8 章は，本書の総本山である．問題をプログラム化できる粒度まで，機能とサイズのブレイクダウンを行う．その際に重要となるのが，アルゴリズムの設計戦略である．

- **8.1** 節では，**6** 種類の問題解決法を学ぶ．
- **8.2** 節では，探索問題を取り上げる．その基本的アルゴリズムは，線形探索アルゴリズムと二分探索アルゴリズムである．両者の時間計算量が根本的に異なることに，気付くであろう．
- **8.3** 節では，ソーティングアルゴリズムについてまとめる．個々のソーティングアルゴリズムについては，修得済みである．

  8.4 節と **8.5** 節では，最適化問題を解く．
- **8.4** 節の主題は貪欲法と呼ばれる方法であり，**5** 章でも例 **5.2.1** で触れた．その時点における最良の選択を行うアルゴリズムであり，探索アルゴリズムの最良法と似ている．貪欲アルゴリズムは効率は良いが，必ずしも最適解を得るとは限らない．しかし，問題にある制約を課すと最適解を得る．ダイクストラの最短経路アルゴリズムがその代表例である．
- **8.5** 節では，動的計画法について学ぶ．名前からは（発案者も堂々と告白しているが）どのような方法なのか容易には想像が付かない．実は，問題解決の強力なアルゴリズムである．総当りを基本とし，記憶化によって効率向上に努めている．本節では，動的計画法より強力なボトムアップ法についても取り上げる．効率が劇的に向上する．本書を，例として取り上げたコイン問題と水汲み問題で締めくくる．水汲み問題は，ユークリッドの互除法から帰結される整数解不定方程式と密接に関係する問題であった．本書の最終章で，すべての謎解きが完了する．

8.1 アルゴリズム設計戦略

8.1.1 問題解決とアルゴリズム設計

〔1〕 **全数探索法**（exhaustive search method）　すべての場合をしらみつぶしに調べながら問題の解を探索する方法である．別名，**しらみつぶし法**とも呼ばれる．

- グラフ探索の**幅優先探索**や**深さ優先探索**は，全数探索アルゴリズムである．
- 動的計画法も本質的には全数探索法である．ただし，帰納法による縮小統治法とメモ化によって最適化を図っている（動的計画法を参照）．

〔2〕 **バックトラック法**（backtracking method）　探索の途中で求める解が得られない場合，最後まで探索せず，別の探索を試みる方法である．

- 論理型プログラミング言語 Prolog では，枝刈りにバックトラックが頻用された．
- その本質は枝刈りであり，無用な探索の排除である．

〔3〕 **分割統治法**（devide-and-conquer method）　そのままでは解決できない大きな問題を小さな問題に分割し，その全てを解決することで最終的に最初の問題自体を解決する，という問題解決の手法である．名前の起源は，ローマ帝国の属領の統治法に根ざす．分割サイズが，計算時間の複雑さに効いてくる．通常は，2 分割が多い．

- マージソート，クイックソートに代表される $O(n \log n)$ のソーティングアルゴリズムは，2 分割による分割統治法である．
- ソーティング以外では，二分探索，二分法，偽造貨幣・天秤問題の解法が相当する．

〔4〕 **縮小統治法**（decrease-and-conquer method）　本質的には構造帰納法である．問題を一段階簡略化し，その解をもって本来の問題を解くアルゴリズムである．数学的帰納法がその代表例である．

- 再帰関数定義は，この縮小統治法そのものである．
- 動的計画法も，問題分割の仕方は縮小統治法である．

〔5〕 **貪欲法**（greedy algorithm）　探索分野では**最良法**（best search）と呼ばれ，複数ある解候補の中からその時点での最良の候補を選択するアルゴリズムである．別名，**山登り法**（hill climbing）とも呼ばれる．

- ダイクストラの最短経路問題の解法は，貪欲法である．辺のコスト（距離や時間）が非負であれば，本解法は最適解を与える．
- 買い物の支払いを最小枚数の紙幣や硬貨で支払う問題など，貪欲法による解法は頻出する．ユーロ，ポンド，ドル，円など，ほとんどの通貨の場合，貪欲法による支払い方法は最適解を与える．

〔6〕 **動的計画法**（dynamic programming） 対象となる問題を複数の重なりがある部分問題に分割し，部分問題の計算結果を記録しながら解いていく手法を総称してこう呼ぶ．部分問題への分解には，帰納法的思考法が重要となる．名前からは，その具体的な方法が見えないアルゴリズムである．

- 動的計画法による解探索の骨子は，再帰的な問題分割と記憶化（メモ化）である．問題を如何に再帰的に分割し，部分問題の解を記憶しながら当初の問題解決を遂行していく．

8.1.2 縮小統治法による有名人の問題解決

【例 8.1.1】（有名人の問題：**celebrity problem**）

【問　題】

$n\,(n > 0)$ 人のグループの中に有名人が 1 人いる．その有名人はグループ内に誰も知人はいないが，他のすべての人はその人を知っている．そこで，「あなたはこの人を知っていますか？」という質問だけで，その有名人を見つける方法を示せ．［Levitin11］

［戦略］ 縮小統治法による．

［仮定］ n 人のグループの中に有名人が必ず一人いるとする．初期設定は，n 人からなるリストとする．

［解法］

1. $n = 1$ の場合は，自明．つまり，その人が有名人である．
2. $n > 1$ とする．n 人から適当に二人 A，B を選ぶ．A に「あなたは B を知っていますか？」と尋ねる．
   - もし，A が「はい，B を知っている」と答えたら，A を有名人候補リストから外す．
   - A が「いいえ，B を知りません」と答えたら，B を候補から外す．
3. 1.-2. を繰り返し，最後に残った人が有名人である．

［設定］

1. グループの人数 n を確定し，グループを grp = [1, 2, …, n] とする．
2. 乱数を使い，grp から一人有名人 c を選ぶ．
3. 辞書 know を使い，A は B を知っているか否かを記述する．know[(a, b)] について，b が有名人なら True と，その他の場合は False と設定する．
4. 問題解決アルゴリズムは，［解法］のとおり．

スクリプト 8.1.1

```
1 def who_is_famous(grp): # len(grp) >= 1
2     if len(grp) == 1:
3         return grp[0]
```

```
4
5     a, b, *grp1 = grp
6     if know[(a, b)]:
7         return who_is_famous([b] + grp1)
8     else:
9         return who_is_famous([a] + grp1)
```

モジュール itertools には，直積集合を作る producr がある．問 8.4 で用いられる．

```
1 import itertools
2
3 a = itertools.product([1, 2], [3,4])
4 list(a)
```

実行結果

```
[(1, 3), (1, 4), (2, 3), (2, 4)]
```

スクリプト **8.1.2**

```
1 import numpy as np
2
3 N = 20
4 grp = list(range(1, N+1))
5 Celeb = np.random.choice(grp)
6 know = {(a,b): False for a in grp for b in grp}
7 know.update({(a, Celeb): True for a in grp})
8 pred = who_is_famous(grp)
9 print(f'Your prediction of a famouse person is: {pred}')
10 print(f'The real famouse person is : {Celeb}')
```

実行結果

```
Your prediction of a famouse person is: 8
The real famouse person is : 8
```

[コードの説明]（スクリプト **8.1.1**，**8.1.2**）

1. who_is_famous(grp) は，グループのリスト grp を引数として有名人を返す関数である（#1）．
2. grp が一人になったら，その人を有名人として返す（#2-#3）．
3. grp が二人以上ならば，アンパッキングを使い（#5）grp から二人の人 a，b を選び，**[解法]** に従い，有名人を探す（#6-#9）．
4. **スクリプト 8.1.2** では，N 人のグループから乱数により有名人 Celeb を無作為に選択し，その後辞書 know を設定し，関数 who_is_famous(grp) を実行している．
5. #6 では，辞書内包表記により，グループ内では互いに知らないとした辞書 know を作成．itertools.product() を使うと，know をより簡潔に作成できる（問 8.4 参照）．
6. #7 では，辞書の update(辞書) メソッドを使い，「グループ内のすべての人は有名人 Celeb を知っている」とした辞書で know を副作用付きで上書きしている．

8.2 探 索 問 題

定義 1.4.1 で，集合 X 上の探索問題の定義を与えた．また，**定義 1.4.2** では，リスト上の探索問題を述べた．この節では，探索問題のアルゴリズムを学習する．線形探索アルゴリズムと二分探索アルゴリズムである．

8.2.1 線形探索アルゴリズム

無作為に一列に並んだ数の列がある．この列の中に指定された数が入っているか否かを問う問題が，整数上のリスト探索問題であった（**定義 1.4.2**）．この問題に対して，**アルゴリズム 1.4.1** で，線形探索アルゴリズムを与えた．このアルゴリズムの場合，リストの長さを n とすると，最悪 n 回の照合を必要とする．指定された数がリストにない場合，あるいは一番最後にある場合が最悪のケースである．したがって，その時間計算量は $O(n)$ である．

【例 8.2.1】（線形探索アルゴリズム）　**スクリプト 8.2.1** に，線形探索アルゴリズムを実装したプログラムを示す．また，比較のため，**スクリプト 8.2.2** は，再帰関数による線形探索アルゴリズムの実装である．**スクリプト 8.2.3** は，両実装のテスト関数で，無作為に作った数列に適用する．

スクリプト 8.2.1

```
1 def lin_search(a, lst):
2      for index, b in enumerate(lst):
3         if a == b:
4             return True, index
5     return False, None
```

［コードの説明］（スクリプト 8.2.1）　関数 lin_search(a, lst) は，要素 a が線形リスト lst 上にあるか否かを探索する．先頭から探索し見つかった場合（#3），True とその位置であるインデックスを返す（#4）．見つからなかった場合，False と None を返す（#5）．

スクリプト 8.2.2

```
1 def lin_search_rec(a, lst, index=0):
2     if not lst: # lst == []
3         return False, None
4     else:
5         b, *lst1 = lst
6         if a == b:
7             return True, index
8         else:
```

```
9              return lin_search_rec(a, lst1, index+1)
```

[コードの説明]（スクリプト 8.2.2）　関数 lin_search_rec の振舞いは，lin_search と同様．違いは，返すべきインデックスを引数 index として保持していること（#1）．そして，探索空間が非空のとき，アンパッキングを使って先頭要素と残りに分割し（#5），先頭要素が指定された要素でない場合，インデックスを一つ増やし自分自身を再帰的に呼び出しているところ（#9）である．

スクリプト 8.2.3

```
 1 import numpy as np
 2
 3 def test_lin_search(n, lin_search_alg):
 4     a = np.random.randint(1, n+1)
 5     lst = list(np.random.randint(1, n+1, n))
 6     result, index = lin_search_alg(a, lst)
 7     return a, lst, result, index
 8
 9 N = 10
10 algs = [lin_search, lin_search_rec]
11 alg_types = ['naive', 'recursive']
12 for i, (alg_type, alg) in enumerate(zip(alg_types, algs)):
13     print(f'({i+1}) {alg_type} linear serach:')
14     a, lst, result, index = test_lin_search(N, alg)
15     print(f'    a: {a}, list: {lst}, ', end = '')
16     if result:
17         print(f'Found at the index: {index}')
18     else:
19         print(f'Not found.')
```

実行結果

```
(1)naive linear serach:
   a: 1, list: [8, 8, 4, 9, 1, 5, 6, 5, 9, 7], Found at the index: 4
(2)recursive linear serach:
   a: 5, list: [4, 6, 9, 4, 5, 5, 2, 1, 8, 5], Found at the index: 4
```

[コードの説明]（スクリプト 8.2.3）　テスト関数 test_lin_search は，探索空間の長さ n と線形探索アルゴリズム lin_search_alg を引数に取る関数である（#3）．関数本体では，探索すべき要素 a と探索空間リスト lst をランダムに策定し（#4–#5），設定されたデータに対してアルゴリズムを適用し（#6），設定データと探索結果を返している（#7）．#9 以降は，テスト関数の実行である．整数 N によって定まる探索空間は，閉区間 $[1, N]$ 上の無作為に作られた N 個の整数列である．探索すべき要素も閉区間 $[1, N]$ 上から 1 個抽出している．#12 の zip 関数は zip（seq1，seq2）のように同じ長さの（リストのような）シーケンス seq1，seq2 を引数とし，先頭からそれぞれの要素の対からなるシーケンスを返す関数である．以下に例を示す．

```
list(zip([0, 1, 2], ['a', 'b', 'c']))
```

実行結果

```
[(0, 'a'), (1, 'b'), (2, 'c')]
```

8.2.2 二分探索アルゴリズム

線形探索アルゴリズムより効率良い方法が，二分探索アルゴリズムであった（**アルゴリズム 1.4.2**）．いったんリストを昇順にソートし[†]，次に半分ずつ探索区間を狭めながら探し出す方法であった．

【例 **8.2.2**】（二分探索アルゴリズム）　スクリプト **8.2.4** は，その実装である．

スクリプト 8.2.4

```
 1 def bin_search(a, lst, low, high, step=0):
 2 # lst: already sorted in ascending order
 3     if low <= high:
 4         mid = int((low + high)/2)
 5         if lst[mid] == a:
 6             return True, mid, step+1
 7         elif a < lst[mid]:
 8             return bin_search(a, lst, low, mid-1, step+1)
 9         else:
10             return bin_search(a, lst, mid+1, high, step+1)
11     else:
12         return False, None, step
```

スクリプト 8.2.5

```
 1 import numpy as np
 2
 3 def test_bin_search(n):
 4     a = np.random.randint(1, n+1)
 5     lst = np.random.randint(1, n+1, n)
 6     lst = sorted(lst)
 7     result, index, steps = bin_search(a, lst, 0, n-1)
 8     if result:
 9         print(f'{a} is at {index}; steps: {steps}')
10     else:
11         print(f'{a} is not in lst; steps: {steps}')
12     return a in lst
13
14 test_bin_search(100)
```

実行結果

```
10 is not in lst; steps: 7
False
```

［コードの説明］（スクリプト **8.2.4**，**8.2.5**）　関数 bin_search() 本体は，二分探索アルゴリズム（**アルゴリズム 1.4.2**）の通りである．ただし，再帰関数として実現した．引数 low,

† 降順でも原理的には変わらない．

high は探索空間のそれぞれ下限と上限のインデックスを表す．step で区間半減回数をカウントする．**スクリプト 8.2.5** の関数 test_bin_search は，**スクリプト 8.2.3** のテスト関数 test_lin_search と同様なデータ策定のもと，二分探索関数 bin_search をテストする関数である．

8.2.3　数以外の探索問題

【例 8.2.3】（誕生日当て問題）　スクリプト **8.2.6** は二分法を使い，yes/no 型の質問の回答から誕生日を推定するプログラムである．9 回の質疑応答で言い当てることができた．$365 \leqq 2^n$ を満たす最小の n は 9 であることから，9 回で言い当て可能なことが納得できる．スクリプトでは，日にちを最大 4 桁の整数で表した．元旦は 101，大晦日は 1231 である．うるう年は考慮していない．

スクリプト **8.2.6**

```
 1 def estimate_birthday():
 2     dates = []
 3     for i in range(1,13):
 4         if i == 2:
 5             dates += [200 + j for j in range(1,29)]
 6         elif i in [4, 6, 9, 11]:
 7             dates += [i*100 + j for j in range(1,31)]
 8         else:
 9             dates += [i*100 + j for j in range(1,32)]
10
11     left, right = 0, len(dates)-1
12     count = 0
13     while left != right:
14         mid = (left + right) // 2
15         count += 1
16         birthday = dates[mid]
17         ans = input(f'{count}. 貴方の誕生日は {birthday} より後ですか(y/n)?: ')
18         if ans == 'y':
19             left = mid + 1
20         else:
21             right = mid
22     print(f'your birthday is: {dates[left]}')
23     return count
24
25 estimate_birthday()
```

実行結果

```
1. 貴方の誕生日は 702 より後ですか(y/n)?: n
2. 貴方の誕生日は 402 より後ですか(y/n)?: y
3. 貴方の誕生日は 518 より後ですか(y/n)?: y
4. 貴方の誕生日は 610 より後ですか(y/n)?: y
5. 貴方の誕生日は 621 より後ですか(y/n)?: y
6. 貴方の誕生日は 627 より後ですか(y/n)?: n
7. 貴方の誕生日は 624 より後ですか(y/n)?: n
8. 貴方の誕生日は 623 より後ですか(y/n)?: n
9. 貴方の誕生日は 622 より後ですか(y/n)?: y
```

```
your birthday is: 623
9
```

[コードの説明]（スクリプト 8.2.6）　#2-#9 は，最大 4 桁の数字で表した日付を，元旦から大晦日まで作るコードである．作成法から，自ずとソートされている．#11-#23 は二分法に従って誕生日の区間を半分づつ狭めている．while 文の条件（#13）が成り立たなくなったら誕生日が確定し，#22 で誕生日を出力し，区間の削減回数を関数の返り値として返す（#23）．

8.3 ソーティングアルゴリズム

1.4.2 項でソーティング問題を扱い，**定義 1.4.3** でソーティングを定義し，**表 1.4.1** で代表的なソーティングアルゴリズムとその時間計算量について表でまとめた．**表 8.3.1** は，本書で扱ったソーティングアルゴリズムとその平均計算量，本書での解説箇所の表である．

表 8.3.1　ソーティングアルゴリズムのまとめ

ソーティングアルゴリズム	平均時間計算量	本編での解説箇所
選択ソート	n^2	4.2.3 項（3）
挿入ソート	n^2	4.2.3 項（3）
バブルソート	n^2	—
マージソート	$n \log n$	6.2.3 項【例 6.2.4】（a）
クイックソート	$n \log n$	6.2.3 項【例 6.2.4】（b）

8.4 貪欲アルゴリズム

【アルゴリズム 8.4.1】（貪欲法）　**貪欲法**（greedy method），あるいは**貪欲アルゴリズム**（greedy algorithm）とは，その時点で常に最良な選択を行うことで問題を解く方法である．

最良という意味で，貪欲法は探索問題の**最良探索アルゴリム**（best search algorithm）と似ている［Asano03, Cormen09］．**バックトラック**（backtrack）はなく，直進的に解を導く．このため，貪欲法は非常に効率的であるが，得られた解が必ずしも最適解であるとは限らない．しかし，問題の設定しだいでは，常に最適解を与えることもある．貪欲法の設計上の難しさは，常に最適解を生成するアルゴリズムを見つけ出すことである．つまり，局所的に最適な選択が，大域的にも最適である保証を与えることである．

8.4.1　コイン問題†

例 5.2.1 では，日本の紙幣・硬貨の設定でコイン問題を解いた．本項では，貨幣の種類設定を一般化し，その問題解決をグリーディ（貪欲）に解く．なお，支払いに使えるお金には紙幣と硬貨があるが，記述を簡単にするため硬貨に限定し，その呼称もコイン問題と呼ぶことにする††．

（問題 8.4.1）（コイン問題）　**コイン問題**（coin problem）とは，支払いに使えるコインの種類が決まったとき，できるだけ少ない枚数のコインを使って，買った商品の支払いをする問題である．ただし，コインは何枚でも使用可能とする．

コイン問題の解は，支払い金額に対する最小枚数のコインの出し方になる．つまり，コインの合計金額が支払い金額になるようなコインの種類とその枚数の組みのリストが，コイン問題への答えとなる．

【例 8.4.1】（ユーロコインのコイン問題）　たとえば，コインの種類がユーロコイン（ユーロセント，ユーロ）の場合，使えるコインの集合はユーロセント単位で

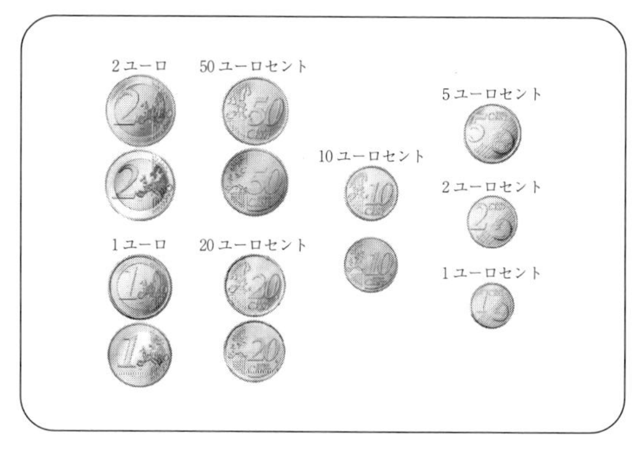

図 8.4.1　ユーロコイン

$$\{1, 2, 5, 10, 20, 50, 100, 200\}$$

である．$pay = 520$ の場合，最適解は

$$(200, 2), (100, 1), (20, 1)$$

† コイン問題には，いくつかの設定がある［Asano03, Cormen09, Levitin11］．単に，買った商品の金額になるようにお客がお金を選んで支払う設定や，店員がおつりを返す設定の場合もある．どの設定も，共通するのは「コインの枚数が最小であること」である．本書では，客が支払う設定とする．コイン問題については，**例 5.2.1** でも触れている．

†† **2.5.3 項**では，偽造硬貨・天秤問題を扱った．そこでは，コインとは呼ばず硬貨と読んだ．本書全体で一貫性を保ち，呼び方を統一すべきであるが，「硬貨問題」とは普通いわないため，この章では「コイン問題」と呼ぶことにする．

で，硬貨の枚数は4である[†]．

【アルゴリズム 8.4.2】（コイン問題に対する貪欲アルゴリズム）　コイン問題に対する貪欲アルゴリズムは，コインの種類の設定にかかわらず，支払い金額になるまで可能な限り常に額面の大きいコインを選択する戦略である．

ユーロコインの場合，貪欲アルゴリズムは，520セントに対して最小の枚数のコインで支払うことができた．つまり，最適解を与える．その他の支払い金額の場合，貪欲アルゴリズムは正しく最適にコインを選択するであろうか？実は，コインの種類がユーロコインの場合，貪欲アルゴリズムは常に最適解を与える．つまり，最小の枚数のコインで支払うことができる．

定理 8.4.1（貪欲アルゴリズム：ユーロコインの場合は最適）　ユーロコインの場合，貪欲アルゴリズムは，コイン問題に対して常に最適解を与える．

証明は，演習問題とする．

[実装]（貪欲アルゴリズム）　**スクリプト 8.4.1** が，コイン問題に対する貪欲アルゴリズムの実装である．関数 calc の仮引数 coins は額面に関し降順に並んだコインの額面のリストであり，price は支払い金額である．calc の基本は，**例 5.2.1** の**スクリプト 5.2.1** である．

スクリプト 8.4.1

```
1 def calc(price, coins):
2     payment, total_num = [], 0
3     for c in coins:
4         q, price = price//c, price % c
5         if q > 0:
6             payment.append((c, q))
7         total_num += q
8     return payment, total_num
```

[コードの説明]（スクリプト 8.4.1）

1. 関数 calc()の引数 price は商品の金額，coins は額面に関し降順に並んだコインの額面のリストである（既述）．
2. payment は支払いに用いるコインの額面とその枚数のタプルからなるリストであり，その初期値を空リストに設定（#2）．
3. total_num は支払いコインの総枚数であり，初期値を0に設定（#2）．
4. coins の先頭からコインが支払いに使えるか否かを試している（#3）．#4 で price を c で割った商 q と余り r を求め，c が支払いに使えれば（#5），それらのタプルを payment に追加している（#6）．
5. 関数が返す出力は，支払い方法に関するリスト payment とコインの総枚数 total_sum である（#8）．

† セント（cent）は，アメリカ合衆国，ユーロ圏など多くの国で使われている補助通貨．ラテン語で「100」を意味する centum が語源で，基本通貨の名称は違ってもどの国でも基本通貨の1/100である．

【例 8.4.2】（ユーロコインの設定でのコイン問題の例）　ユーロコインの設定で，支払い金額が 342（ユーロセント）の場合を試してみる．問題なく，最適解を得た．

```
1 COINS = [200, 100, 50, 20, 10, 5, 2, 1]
2 price = 342
3 payment, total_num = calc(price, COINS)
4 print(f'支払い金額：{price};　支払いコインの総枚数：{total_num}')
5 print(f'支払い方法[(コインの種類，枚数), ..]: {payment}')
```

実行結果

```
支払い金額：342;　支払いコインの総枚数：5
支払い方法[(コインの種類，枚数), ..]: [(200, 1), (100, 1), (20, 2), (2, 1)]
```

【例 8.4.3】（貪欲アルゴリズムが最適でない反例と議論）

（**a**）　コインの種類が集合表現で $\{1, 29, 30\}$ と極端な例を検討する．30，29，1 の貪欲アルゴリズムの戦略に沿った優先順序でコインの種類を選択し，支払い金額が 58 の場合の支払い方法をチェックする．結果は残念ながら，30 セントコインが 1 枚，1 セントコインが 28 枚という結果になった．貪欲アルゴリズムは，30 にばかり目がいって隣の 29 には気が付いていないようである．

```
1 COINS = [30, 29, 1]
2 price = 58
3 payment, total_num = calc(58, COINS)
4 print(f'支払い金額：{price};　支払いコインの総枚数：{total_num}')
5 print(f'支払い方：{payment}')
```

実行結果

```
支払い金額：58;　支払いコインの総枚数：29
支払い方：[(30, 1), (1, 28)]
```

（**b**）　コインの種類は（**a**）と同じであるが，コインの選択優先順位を 29，30，1 に変更し，支払い金額 58 を支払った場合を検討する．今度は，29 セント硬貨 2 枚で最適に支払うことができた．しかし，これは偶然である．

```
1 payment, total_num = calc(58, [29, 30, 1])
2 print(f'支払い金額：{price};　支払いコインの総枚数：{total_num}')
3 print(f'支払い方：{payment}')
```

実行結果

```
支払い金額：58;　支払いコインの総枚数：2
支払い方：[(29, 2)]
```

（**c**）　コインの種類が $\{1, 7, 30, 350, 500\}$ で，額面の金額の降順の優先順序でコインの種類を選択し，支払い金額が 766 の場合を再度検討する．この場合も貪欲アルゴリズムであるが，名前の如く額面の大きいコインを贔屓（ひいき）にしがちである．

```
1 payment, total_num = calc(766, [500, 350, 30, 7, 1])
2 print(f'支払い金額：{price};    支払いコインの総枚数：{total_num}')
3 print(f'支払い方：{payment}')
```

実行結果

```
支払い金額：58;    支払いコインの総枚数：17
支払い方：[(500, 1), (30, 8), (7, 3), (1, 5)]
```

（**d**） コインの種類は（**c**）と同じであるが，コインの選択優先順位を350と500を交換し，支払い金額766を支払った．今度は，10枚ですんだ．

```
1 payment, total_num = calc(766, [350, 500, 30, 7, 1])
2 print(f'支払い金額：{price};    支払いコインの総枚数：{total_num}')
3 print(f'支払い方：{payment}')
```

実行結果

```
支払い金額：58; 支払いコインの総枚数：10
支払い方：[(350, 2), (30, 2), (1, 6)]
```

以上からいえることは，貪欲アルゴリズムの場合，コイン問題はコインの設定・順序，そして支払う金額によって，コインの枚数が最小になるのは極めて稀である．

8.4.2 ナップザック問題

（1） ナップザック問題とは

(問題 8.4.2)（ナップザック問題）　ナップザック問題（knapsack problem）［Asano03, Cormen09］とは，「価値と重さがわかっている品物が何個かある．ナップザックは容量や強度の制限があり，ある重さ以下で品物を詰めなければならない．ナップザックに入れた品物の価値の和が最大になるようにするには，どの品物を選べばよいか」という問題である．

表 8.4.1 は，MITのPythonプログラミングの教科書12章の例である［Guttag16］．教科書では泥棒仕立てで，Web教材のスライドではダイエット仕立てで，ナップザック問題を例示している．教科書の内容は次のとおりである：「最大20ポンドしか入らないナップザックを

表 8.4.1 留守宅にある主な品物の表

	Value	Weight	Value/Weight
Clock	175	10	17.5
Painting	90	9	10
Radio	20	4	5
Vase	50	2	25
Book	10	1	10
Computer	200	20	10

持った空き巣が留守宅に忍び込み，**表 8.4.1** にある品物を見つけた．明らかに全部の品物をナップザックに入れて持ち去ることはできない．何を盗んで，何を置いていくか？」である．

この問題を貪欲アルゴリズムで解いてみる．常に最良の方法を選択するのであるから，空き巣はまず最初に最も良い品物を選び，限界に達するまでこのプロセスを繰り返す．そのためには，最初に**最良の評価基準**を設定しなければならない．

【最良の評価基準】

価値優先：最も価値（この場合は値段）が高い品物を優先する

重さ（軽さ）優先：最も重さが軽い品物を優先する

コストパフォーマンス優先：重さ当たりの価値が最も高い品物を優先する

泥棒が価値優先で選んだ場合は，Computer だけを盗みその価値は 200 ドルとなる．重さ優先の場合は，軽い品物から Book，Vase，Radio，Painting となり，合計金額は 170 ドルである．コストパフォーマンスで選べば，Vase，Clock の順に選ぶ．価値重量比が 10 である 3 品が残るが，ナップサックの容量から，Book ならば入る．その後は，残りの容量から Radio が選択され，トータル 255 ドルとなり，三つの中では最も価値の総和が高い．この場合はコストパフォーマンス優先が最適になるが，この基準が常に最適とは限らない．

スクリプト 8.4.2～**スクリプト 8.4.6** が，アルゴリズムの実装である．**スクリプト 8.4.2** では Item クラスを定義している．Item は name，value，weight の三つの属性を有している．**スクリプト 8.4.5** がアルゴリズムの本体である．greedy() 関数の中で，関数引数 key_fuc を用意し，三つの評価基準を選択できるように設定した．その基準は，**スクリプト 8.4.3** の三つの関数定義である．

（2）　品物のクラス（Item）

スクリプト 8.4.2 が，品物のクラス定義である．

スクリプト 8.4.2

```
 1 class Item(object):
 2     def __init__(self, n, v, w):
 3         self.name = n
 4         self.value = v
 5         self.weight = w
 6
 7     def get_name(self):
 8         return self.name
 9
10     def get_value(self):
11         return self.value
12
13     def get_weight(self):
14         return self.weight
15
16     def __str__(self):
17         result = f'{self.name} = <value: {self.value}, weight: {self.weight}>'
18         return result
```

［コードの説明］（**Item**：品物のクラス，スクリプト**8.4.2**）

1. Item クラスには三つの属性 name，value，weight があり，インスタンス作成時にコンストラクタ Item()（クラス定義では__init__と記述）により初期設定される（#2-#5）.
2. 各属性には getter のメソッドが定義され（#7-#14），インスタンスのそれぞれのインスタンス属性の値を取り出すことができる.
3. インスタンス出力時（print()関数利用時）には，設定された__str__()が適用される.

（3） 評価基準に関する関数定義

次に，評価基準を設定するための関数を**スクリプト 8.4.3** で定義する．価値優先，重さ優先，コストパフォーマンス優先に相当するそれぞれの関数 value，less_weight，density を定義している.

スクリプト 8.4.3

```
1 def value(item):
2     return item.get_value()
3
4 def less_weight(item):
5     return 1.0/item.get_weight()
6
7 def density(item):
8     return item.get_value()/item.get_weight()
```

（4） Item の作成

スクリプト 8.4.2 の Item クラスを用いて，**表 8.4.1** の品物を**スクリプト 8.4.4** で作成する．関数 build_items は品物を作成する関数であり，作成した品物をリストとして返す．また，main スクリプトでは，実際に関数を呼び出し品物を作成出力している.

スクリプト 8.4.4

```
 1 def build_items():
 2     names = ['Clock', 'Painting', 'Radio', 'Vase', 'Book', 'Computer']
 3     values = [175, 90, 20, 50, 10, 200]
 4     weights = [10, 9, 4, 2, 1, 20]
 5     items = []
 6
 7     for  i, name in enumerate(names):
 8         item = Item(name, values[i], weights[i])
 9         items.append(item)
10     return items
11
12 items = build_items()
13 for item in items:
14     print(item)
```

実行結果

```
Clock = <value: 175, weight: 10>
Painting = <value: 90, weight: 9>
Radio = <value: 20, weight: 4>
Vase = <value: 50, weight: 2>
```

```
Book = <value: 10, weight: 1>
Computer = <value: 200, weight: 20>
```

［コードの説明］（スクリプト **8.4.4**）

1. names, values, weights は，それぞれ品物の名前，価値，重さのリストである（#2-#4）.
2. names を引数とした enumerate(names) により，#5 で初期化したリスト items に 3 項目を作成追加している（#7-#9）
3. #13-#14 で作成した品物を出力しているが，その出力フォーマットは，**スクリプト 8.4.2** で定義した Item クラスの特殊メソッド__str__()の定義による.

（5） greedy 関数の定義

いよいよ，greedy 関数の定義である．greedy 関数の定義を**スクリプト 8.4.5** に示す．品物リスト items，最大重さ制限 max_weight，評価基準を与える関数 key_fuc を引数に，袋に入れる品物のリスト：result，価値の総和：total_value，総重量：total_weight を返す.

スクリプト **8.4.5**

```
1  def greedy(items, max_weight, key_fuc):
2      items_copy = sorted(items, key=key_fuc, reverse = True)
3      result = []
4      total_value, total_weight = 0, 0
5
6      for item in items_copy:
7          if (total_weight + item.get_weight()) <= max_weight:
8              result.append(item)
9              total_weight += item.get_weight()
10             total_value += item.get_value()
11     return result, total_value, total_weight
```

［コードの説明］（スクリプト **8.4.5**）

1. 関数 key_fuc が，最良基準を与える（#1）.
2. 標準関数 sorted()により，items が key_fuc という基準にしたがって降順にソートされる.
3. #6-#10 は，貪欲アルゴリズムの戦略にしたがって，max_weight まで key_fuc に従った最良基準にしたがって品物が袋に詰められる.
4. #11 は，関数の出力である.

（6） 適用例

以上，すべて準備がそろったので，**表 8.4.1** の留守宅の品物に対して貪欲アルゴリズムを適用する．**スクリプト 8.4.6** がその全体のプログラムである．結果，それぞれの戦略にしたがって，袋に入れる品物が確定した.

スクリプト 8.4.6

```
1 def test_greedys(max_weight = 20):
2     def test_greedy(items, max_weight, strategy, key_fuc):
3         taken, val, weight = greedy(items, max_weight, key_fuc)
4         print(f'[{strategy}優先戦略], 重さ制限:{max_weight}')
5         print(f'Total value: {val}, Total weight: {weight}')
6         for item in taken:
7             print(' ', item)
8
9     greedys = [('価値',value), ('軽さ',less_weight), ('価値/重さ', density)]
10    items = build_items()
11
12    for strategy, key_fuc in greedys:
13        test_greedy(items, max_weight, strategy, key_fuc)
14
15 test_greedys(max_weight = 20)
```

実行結果

```
[価値優先戦略], 重さ制限:20
Total value: 200, Total weight: 20
  Computer = <value: 200, weight: 20>
[軽さ優先戦略], 重さ制限:20
Total value: 170, Total weight: 16
  Book = <value: 10, weight: 1>
  Vase = <value: 50, weight: 2>
  Radio = <value: 20, weight: 4>
  Painting = <value: 90, weight: 9>
[価値/重さ優先戦略], 重さ制限:20
Total value: 255, Total weight: 17
  Vase = <value: 50, weight: 2>
  Clock = <value: 175, weight: 10>
  Book = <value: 10, weight: 1>
  Radio = <value: 20, weight: 4>
```

8.4.3 ダイクストラの最短経路アルゴリズム

4.3.3 項のグラフ問題で議論した最短経路問題に対する**ダイクストラ**（Dijkstra）の**最短経路アルゴリズム**（shortest path algorithm）は，貪欲アルゴリズムであり，道のコスト（距離や時間）が非負でなければ，最適アルゴリズムである．

8.5 動的計画法

8.5.1 動的計画法とは

動的計画法とは，完全である全数探索を基本にし，縮小統治法と記憶化を組み合わせた手法である．

【アルゴリズム 8.5.1】（動的計画法）　**動的計画法**（dynamic programming）は，問題を重複する幾つかの部分問題に再帰的に分割し，かつ計算結果を記憶化し，同じ処理の繰り返しを避ける方法である．

8.5.2 コイン問題

（1） コイン問題［動的計画法］

動的計画法の例として，貪欲アルゴリズム（**8.4** 節）で学んだコイン問題を取り上げる．

【問題 8.5.1】（コイン問題）［動的計画法］　**コイン問題**とは，コインの額面の集合 *Coins* $= \{c_1, c_2, \cdots, c_k\}$ が設定されたもとで，支払い金額 *pay* をできるだけ少ない枚数のコインで支払う方法を答える問題であった（**問題 8.4.1** 参照）．

8.4 節では，貪欲アルゴリズムを使って問題を解決した．解ったことは，コインの種類がユーロコインの場合は，貪欲アルゴリズムは常に最適解を与えた．しかし，一般の場合は，アルゴリズムの解は，必ずしも最適解とは限らなかった．この節では，動的計画法を用いてコイン問題を効率的に解決する．貪欲アルゴリズムと違い，動的計画法の場合，硬貨の種類，支払い金額に左右されずに，常に最適解を与える．動的計画法によるアルゴリズムは，再帰的定義による総当たり法を採用するが，記憶化という方法によって同じ計算を繰り返さない．つまり，動的計画法の本質は，再帰的手法によるオーバーラップのある部分問題への分割と記憶化による効率化である．

（2） 再帰的定式化

【再帰的定式化】　動的計画法を適用する場合，問題の**再帰的定式化**（recursive formulation）が必要となる．問題の解を分割したオーバラップする部分問題の解から再構築する．コイン問題では，「支払い金額 *pay* を支払うのに必要なコインの最小枚数？」が問題である．そこで，関数 *c_num*(*pay*, *Coins*) は，コインの種類を表した集合 *Coins* を使用した場合，支払い金額 *pay* に必要なコインの最小枚数とする．当然，関数の値は設定したコインの種類に依存する．

【例 8.5.1】（コイン問題の例題）　たとえば，$Coin=\{1,2,5,7\}$ の場合，いくつかの支払い金額に対して，結果は次のとおりである．

$$c\_num(3, Coins)=2,\ c\_num(10, Coins)=2,\ c\_num(15, Coins)=3$$

たとえば，$c\_num(15, Coins)$ は，$\{5:3\}$（コイン 5 を 3 枚）で支払ってもいいし，$\{7:2, 1:1\}$（コイン 7 を 2 枚，コイン 1 を 1 枚）で支払ってもいいので，$c\_num(15, Coins)=3$ となる．

c_num の本質的な特性は，その値を再帰的に計算できることである．この問題の場合，次のような再帰的定義式になる．

$$c\_num(pay, Coins)=min_{c\in Coins}\{c\_num(pay-c, Coins)+1\} \tag{8.5.1}$$

以上を一般化すると，次のように定義できる．

定義 8.5.1（関数 c_num の定義）　$Coins$ をコインの種類の集合とする．$Coins$ に依存した関数 c_num の定義は以下となる．

$$c\_num(pay, Coins)=\begin{cases}0 & pay=0\\ min_{c\in Coins}\{c\_num(pay-c, Coins)+1\} & pay>0\end{cases} \tag{8.5.2}$$

ここで，注意しなければならないのは，支払い金額を単純に，例えば次の例のように 2 つに分割し，それぞれに対する解を単純に結合しても元の金額の解にはならないということである．

【例 8.5.2】（コイン問題は分割統治法では解けない）　例えば，$Coin=\{1,2,5,7\}$ の場合，支払い金額が 21 で $6+15$ と分割し，それぞれに対して

$$solve(6, Coins)=(\{1:1, 5:1\}, 2),\ solve(15, Coins)=(\{1:1, 7:2\}, 3)$$

と求め，これらから

$$solve(21, Coins)=(\{1:2, 5:1, 7:2\}, 5)$$

とはならないということである．支払い金額 21 の場合，最適解を与えるコインの構成は，$solve(21, Coins)=(\{7:3\}, 3)$ と，明らかに少ない枚数のコインで支払うことができる．

（3） 動的計画法（コイン問題）の実装

[実装 8.5.1]（動的計画法：コイン問題）　**スクリプト 8.5.1** はコイン問題の実装である．関数 c_num(pay, coins) は，リスト（集合でも可）で表現されたコインの種類 coins を用いて，支払い金額 pay を支払う最も少ないコインの枚数を返す．設定されたコインの種類で支払いができない場合は，無限大を表す Inf を返す．

スクリプト 8.5.1

```
1  def c_num(pay, coins): # pay >= 0
2      Inf = float('inf')
3      global calls # calls: counting the calls of c_num()
4      calls += 1
5
6      if pay < 0:
7          return Inf # impossible to pay
8      elif pay == 0:
9          return 0
10     else:
```

```
11          min_num = Inf
12          for c in coins:  ## for block of the recursive equation
13              min_num = min(min_num, c_num(pay-c, coins) + 1)
14          return min_num
```

［コードの説明］（スクリプト 8.5.1）　支払うべき金額が負の場合は支払い不可能である Inf を（#6-#7），0 の場合は支払いはないことを表す 0 枚を返す（#8-#9）．それ以外の場合は，**定義 8.5.1** に従う．#13 で，min_num が Inf 以外の値となるのは，場合分けから c_num(pay-c, coins)が 0 となる場合である．したがって，支払いができない場合は，Inf が返されることに注意されたい．Inf は探索アルゴリズムの**番兵**に近い働きをしていて［Asano03, Cormen09］，その結果コードがきれいにまとまった．

【例 8.5.3】（コイン問題の一つの解）　コインの幾つかの種類のもと，支払い金額のコインの最小枚数を求める．

コインの種類が Coins = [1, 2, 5, 7] の場合の，コインの最小枚数を求める．（a）支払い金額 6 の場合の最小枚数は 2, {1:1, 5:1}；（b）支払い金額 16 の場合の最小枚数は 3, {2:1, 7:2}；（c）支払い金額 21 の場合の最小枚数は 3, {7:3} となった．

```
1 Coins, calls = [1, 2, 5, 7], 0
2 c_num(6, Coins), c_num(16, Coins), c_num(21, Coins)
```

実行結果

```
(2, 3, 3)
```

支払いが丁度できない場合もチェックする．

```
c_num(5, {3, 4}), c_num(19, {2, 4, 6}), c_num(25, {3, 14, 15})
```

実行結果

```
(inf, inf, inf)
```

【例 8.5.4】（コイン問題の関数呼び出し回数）　**スクリプト 8.5.1** は，再帰的定義に対応する箇所（## で示したブロック）で非決定性が生じているので，結果的にはこのプログラムは余り効率的ではない．その確認のため，グローバル変数 calls を用いて関数 c_num が呼び出された回数をカウントした．以下のように，支払い金額 20 に対してすら，約 18 万回の関数呼び出しを行っている．

```
1 Coins, calls = [1, 2, 5, 7], 0
2 print(f''' 金額 20 に対する最小枚数：{c_num(20, Coins)}, ¥
3 読み出し回数：{calls:,}''')
```

実行結果

```
金額 20 に対する最小枚数：4, 読み出し回数：179,977
```

再帰的定義式の適用回数をコインの種類に応じて考える．コイン1の場合は20回．コイン2の場合は10回．コイン5の場合は4回．コイン7の場合は2回である．その平均をとると，$\dfrac{20+10+4+2}{4}=9$ となる．したがって，$4^9=262{,}144$ となり，桁数的には近い呼び出し回数の近似値を得た．

（4） 記憶化による効率化

動的計画法の強力なもう一つの武器は，記憶化である．再帰的定義の弱点は，関数が同じ実引数で何度も呼ばれることであった．そこで，記憶化の手法を使って，同じ引数の値に対しては一回だけ計算するようにする．

定義 8.5.2（記憶化）　記憶化（memorization）とは，一度計算した結果を記憶し，同じ計算が必要になったとき計算せず記憶した結果を用いる方法である．

コイン問題に記憶化を取り入れる．具体的には，辞書 memo を使い，過去の支払い金額に対するコインの最小枚数を記憶する．

スクリプト 8.5.2

```
 1 def c_num2(pay, coins, memo={0:0}):
 2     Inf = float('inf')
 3     global calls
 4     calls += 1
 5 
 6     if pay < 0:
 7         return Inf
 8     elif pay == 0:
 9         return 0
10     elif pay in memo:  # already computed
11         return memo[pay]
12     else:  # newly explore the peyment way
13         min_num = Inf
14         for c in coins:
15             min_num = min(min_num, c_num2(pay-c, coins, memo)+1)
16         memo[pay] = min_num
17         return min_num
18 
19 Coins = [1, 2, 5, 7]
20 calls = 0
21 print(f' 金額 20 に対する最小枚数：{c_num2(20, Coins)}, 読み出し回数：{calls:,}')
```

実行結果

```
金額 20 に対する最小枚数：4, 読み出し回数：81
```

［コードの説明］（スクリプト 8.5.2）　スクリプト 8.5.1 との違いは，支払い金額について最初に既存の支払い方法に関する記録があれば（#already computed）それを使用し（#10–#11），その記録がなければ新規にその方法を計算する仕組み（#newly explore the peyment way）である（#12-#17）．記録化によって，関数の呼び出し回数が劇的に減少した．

（5）　ボトムアップアプローチによる効率化

【アルゴリズム 8.5.2】（ボトムアップアルゴリズム）　ボトムアップ処理の基本的考え方は，コインの種類 *coins*，入力 *pay* が与えられると，*c_num*(*pay*, *coins*) を計算するために

$$c\_num(0, coins),\ c\_num(1, coins),\ \cdots,\ c\_num(pay-1, coins)$$

をすべて計算し，**定義 8.5.1** に従って，*c_num*(*pay*, *coins*) を計算することである．

スクリプト 8.5.3 はこの基本原理を採用している．pay 以下の支払い金額のコイン最少枚数を記憶するために，リスト n_coins を使用している．その初期値は #8 で与えられる．最初の [0] は pay が 0 の場合のコインの枚数であり，続く [Inf] * pay は pay 以下の金額の枚数の初期値であり，Inf が番兵として機能しているのは，**スクリプト 8.5.1**，**8.5.2** と同様である．#11 で支払い金額は全て非負としているため，pay が負の場合はなくなっている．スクリプト内で，comparisons はコインの枚数の比較回数を数えるカウンターである．

スクリプト 8.5.3

```
 1 def c_num3(pay, coins):# pay >= 0
 2     Inf = float('inf')
 3     comparisons = 0
 4
 5     if pay == 0:
 6         return 0
 7     else:
 8         n_coins = [0] + [Inf] * pay
 9         for k in range(1, pay+1):
10             for coin in coins:
11                 if k - coin >= 0:
12                     comparisons += 1
13                     n_coins[k] = min(n_coins[k], n_coins[k-coin] + 1)
14     return n_coins, comparisons
15
16 Coins = [1, 2, 5, 7]
17 c_num3(15, Coins)
```

実行結果

```
([0, 1, 1, 2, 2, 1, 2, 1, 2, 2, 2, 3, 2, 3, 2, 3], 49)
```

支払い金額 15 に対して，最少枚数のコインの数は 3，そのために支払い金額 15 未満の全ての最少枚数を求めている．それでも，関数の呼び出し回数に相当する実質的な比較回数は 49 と少ない．このアルゴリズムの時間計算量は，$O(nk)$ である．ここで，n は支払い金額の値，k はコインの種類の数である．#16 から始まるメインモジュールの場合，$k=4$，$n=15$ であり，その計算量 nk は実際の比較回数よりは多い．違いは，comparisons が実質的な比較係数をカウントしているからである．

（6）　コインの出し方

以上，コインの種類，支払い金額に対して，コインの最小枚数を効率よく求めることができ

た．枚数はわかったが，コインの出し方がわからない．そこで，コインの種類も記憶する．**スクリプト 8.5.4** がその解を与える．dp(pay, coins) は，コインの種類 coins のもと，支払い pay に対して，最小枚数のコインの数とその支払方法を辞書形式で返す．

n, method = dp2(pay, coins)

$method[k] = m$（等式）のとき，支払い pay のために，額面 k のコインを m 枚使うことを表す．**スクリプト 8.5.3** との違いは，支払い方法の管理である．コインの支払い方を辞書で表現した．

スクリプト 8.5.4

```
 1  def dp(pay, coins): # pay >= 0
 2      Inf = float('inf')
 3
 4      if pay == 0:
 5          return 0, {}
 6      else:
 7          n_coins = [0] + [Inf] * pay
 8          methods = [{}] * (pay+1)
 9          for k in range(1, pay+1):
10              best_coin = None
11              for coin in coins:
12                  if k - coin >= 0:
13                      if n_coins[k - coin] + 1 < n_coins[k]:
14                          n_coins[k] = n_coins[k - coin] + 1
15                          best_coin = coin
16              if best_coin: # != None
17                  methods[k] = methods[k - best_coin].copy()
18                  if best_coin in methods[k]:
19                      methods[k][best_coin] += 1
20                  else:
21                      methods[k][best_coin] = 1
22      return n_coins[pay], methods[pay]
23
24  Coins1, Coins2 = [1, 2, 5, 7], [1, 28, 81]
25  # (1)コインの種類：[1, 2, 5, 7], 支払い：30
26  n, method = dp(30, Coins1)
27  print(f'(1)コインの種類：{Coins1}, 支払い：{30}, 総数：{n}, 払い方：{method}')
28  # (2)コインの種類：[1, 28, 81], 支払い：30
29  n, method = dp(244, Coins2)
30  print(f'(2)コインの種類：{Coins2}, 支払い：{244}, 総数：{n}, 払い方：{method}')
```

実行結果

```
(1)コインの種類：[1, 2, 5, 7], 支払い：30, 総数：5, 払い方：{7: 4, 2: 1}
(2)コインの種類：[1, 28, 81], 支払い：244, 総数：4, 払い方：{81: 3, 1: 1}
```

［コードの説明］（スクリプト **8.5.4**）　methods は，支払い k $(0 \leq k \leq pay)$ に対する支払い方（辞書）methods[k] のリストであり，その初期値はすべて空である（#8）．best_coin は，支払いに対する最適なコインを表す変数であり，初期値は None である（#10）．best_coin が確定すると（#16），best_coin がすでに辞書の key として登録されているか否かに応じて，適切に辞書を管理している．

（7）　コイン問題と不定方程式（バケツによる水くみ問題）

【例 8.5.5】（不定方程式：**3L** と **5L** のバケツでの水くみ）　**2.6.2** 項（6）およびその箇所の談話室では，最大公約数との関連性で不定方程式を解いた．不定方程式をコイン問題の枠組みで捉える．例えば

$$3x + 5y = 29 \tag{8.5.3}$$

という不定方程式を考える．コイン問題では，3，5 というコインがあったとき Coins = [3, 5]，29 をいかに少ないコインで支払うかという問題に変換できる．コインの場合負の枚数は有り得ないので†，二つのコインの最大公約数が 1 であっても，右辺の定数によっては不定方程式が解けない場合がある．たとえば，負の数の場合である．しかし，本例の場合は解がある††．

```
1  Coins = [3, 5]
2  water = 29
3  dp(water, Coins)
```

実行結果

```
(7, {5: 4, 3: 3})
```

```
1  Coins = (5, 3)
2  for n in range(25, 31):
3      print(f'{n}: {dp(n, Coins)}')
```

実行結果

```
25: (5, {5: 5})
26: (6, {3: 2, 5: 4})
27: (7, {3: 4, 5: 3})
28: (6, {3: 1, 5: 5})
29: (7, {3: 3, 5: 4})
30: (6, {5: 6})
```

† 正の枚数を支払う，負の枚数を受け取ると解釈すると，負の枚数もあり得る

†† 右辺が 8 以上の場合は，必ず解がある．

本章のまとめ

本章では，問題を解くためのアルゴリズムとその実装であるプログラミングについて学んだ．

- **全数探索法**：すべての場合をしらみつぶしに調べながら問題の解を解く方法（**8.1**節）．
- **バックトラック法**：解が得られない場合，最後まで探索せず，別の探索を試みる方法（**8.1**節）
- **分割統治法**：問題を小さな問題に分割し，その解を持って最初の問題全を解決する方法（**8.1**節）
- **縮小統治法**：本質的には構造帰納法，数学的帰納法である（**8.1**節）
- **貪欲法**：複数ある解探索法の中からその時点での最良の方法を選択する方法（**8.1**節）
- **動的計画法**：問題を複数の部分問題に分割し，部分問題の計算結果を記録しながら解く手法（**8.1**節）
- 縮小統治法による有名人の問題解決を学んだ（**8.1**節）．
- **線形探索アルゴリズム**　リストLの先頭からaがリスト中にあるかどうかを探索する方法（**8.2**節）．
- **二分探索アルゴリズム**　一旦リストを昇順にソートし，次に半分ずつ繰り返して確かめる方法．線形探索より効率が良い（**8.2**節）．

ソーティングアルゴリズム：既習のソーティングアルゴリズムを時間計算量と戦略の点からまとめた（**8.3**節）．

貪欲アルゴリズム：コイン問題，ナップザック問題を通して，貪欲アルゴリズムを学んだ（**8.4**節）．

動的計画法：コイン問題を通して，動的計画法を学んだ（**8.5**節）．

●理解度の確認●

問 8.1　**（二分探索法と二分法）**二分探索アルゴリズムと **2.6.3** 項で学んだ二分法について，どのような関係があるか．また，その違いを述べよ．

問 8.2　**（ナップザック問題）問題 8.4.2** の応用である．留守宅には次のような品物があった．40ポンドしか入らないナップザックを持った空き巣は，何を盗み何を置いていくか．

Items	Value	Weight	Value/Weight
Clock	175	10	17.5
Radio	20	4	5
Book	10	1	10
Pen	15	1	15
SmartPhone	50	5	10
Toy	100	5	20

Items	Value	Weight	Value/Weight
Painting	90	9	10
Vase	50	2	25
Computer	200	20	10
Tablet	150	7.5	20
Pan	30	10	3

問 8.3　**（貪欲アルゴリズムと動的計画法）定理 8.4.1** を証明せよ．

問 8.4　**（intertools.product）**スクリプト **8.1.2** を intertools.product を用いて書き替えよ．

付　　　録

1. 演　　算

表 A.1.1　算術基本演算

演算子名	記号	定義域
加算	+	複素数上で定義されている
引き算	-	複素数上で定義されている
掛け算	*	複素数上で定義されている
割り算	/	複素数上で定義されている．ただし 0 で割ることは未定義
商	//	実数上で定義されている．ただし 0 で割ることは未定義
余り	%	実数上で定義されている．ただし 0 で割った場合の余りは未定義
べき乗	**	複素数を複素数乗することが可能
累算代入	+=	データ型は演算子に依存．+, -, *, /, //, % の他，ビット演算子，論理演算子も可能

表 A.1.2　比較演算子と論理演算子

式・演算子	意味
$x == y$	x と y が等しい
$x != y$	x と y が等しくない
<, >, <=, >=	小なり，大なり，以下，以上
a and b	a かつ b（論理積）
a or b	a または b（論理和）
not a	a ではない（論理否定）

2. データ型一般

表 A.2.1　データ型一般

名称	型	例	struct	collect	seq	itera	muta	map
整数	int	0, 1, -3						
浮動小数点数	float	0.0, 1.0, -3.14						
複素数	complex	3 j, 3 + 4 j						
真理値	bool	True, False						
不定値	None	None						
文字列	str	'string', '', "String as well"	△		○	○		
タプル	tuple	(), (1,), ('a', 1, ())	○	○	○	○		
range	range	range(10), range(10, 0, -1)			○	○		
リスト	list	[], [1], ['a', 1, []]	○	○	○	○	○	
辞書	dict	{}, {1 : 'one', 'goole' : 10**100}	○	○		○	○	○
集合	set	set(), {1}, {'a', 1, 11}	○	○		○	○	

ここで，データ型一般について補足する．

- 構造化データ（struct）：構造を持ったデータ．
- コレクション（collection）：複数のデータをまとめて扱うデータ型．コンテナ型とも呼ばれる．
- シーケンス（sequence）：オブジェクトが順番に並んでいるデータ型の総称．インデックスを指定して，要素にアクセスできる．
- イテラブル（iterable）：繰り返し可能なデータのこと．for 文において，「for i in A:の A の部分に用いることができる．
- ミュータブル（mutable）：同じオブジェクトのまま，一部の値を変更することができるデータ型．変更できないデータ型は，イミュータブル（immutable）と呼ばれる．
- マッピング（mapping）：「キーで要素を検索できる」データ型．シーケンスが整数のインデックスを指定して要素にアクセスするのに対して，マッピングはキーを指定して要素にアクセスする．

3. シーケンス型の操作

表 A.3.1 シーケンス型に対する共通操作

式	意味	評価値
seq[i]	seq の i 番目の要素（i は 0 から）	seq の i 番目の要素（obj）
len(seq)	seq の長さ	seq の長さ（int）
seq1 + seq2	2 つのシーケンスを結合したシーケンス	結合シーケンス（seq）
n*seq	seq を n 回繰り返したシーケンス	seq を n 回繰り返したシーケンス（seq）
seq[start : stop : step]	seq のスライス：start から stop の一つ前まで step 毎	意味の操作でスライスされたシーケンス
e in seq	e が seq に含まれているかどうか	True（含まれている）か False（含まれていない）
e not in seq	e が seq に含まれていないかどうか	True（含まれていない）か False（含まれている）
for e in seq	seq に含まれる要素 e 分だけ反復処理	ループ構造のため評価値は無い（None）

seq[start : stop] は，step = 1 が省略された場合のスライスを表す．また，stop が seq の長さより大きい場合，stop は seq の長さになる．負の整数は最後からの順番となる．

表 A.3.2　リストに対するシーケンス型共通操作

式/文	スクリプト例	評価値
seq[i]	['Sun', 'Moon', 'Mercury', 'Venus', 'Mars', 'Jupiter', 'Saturn'][3]	'Venus'
len(seq)	len(['Sun', 'Moon', 'Mercury', 'Venus', 'Mars', 'Jupiter', 'Saturn'])	7
seq1 + seq2	['Sun', 'Moon', 'Mercury', 'Venus'] + ['Mars', 'Jupiter', 'Saturn']	['Sun', 'Moon', 'Mercury', 'Venus', 'Mars', 'Jupiter', 'Saturn']
n*seq(seq*n)	2*['Sun', 'Sun', 'Sun']	['Sun', 'Sun', 'Sun', 'Sun', 'Sun', 'Sun']
seq[start : stop]	['Sun', 'Moon', 'Mercury', 'Venus', 'Mars', 'Jupiter', 'Saturn'][2 : 5]	['Mercury', 'Venus', 'Mars']
e in seq	'Earth' in['Sun', 'Moon', 'Mercury', 'Venus', 'Mars', 'Jupiter', 'Saturn']	False
e not in seq	'Earth' not in['Sun', 'Moon', 'Mercury', 'Venus', 'Mars', 'Jupiter', 'Saturn']	True
for e in seq	for planet in['Mercury', 'Venus', 'Mars', 'Jupiter', 'Saturn']	5 回の繰り返し

表 A.3.3　タプルに対するシーケンス型共通演算（操作）

式/文	スクリプト例	評価値
seq[i]	('P', 'y', 't', 'h', 'o', 'n')[3]	'h'
len(seq)	len(('P', 'y', 't', 'h', 'o', 'n'))	6
seq1 + seq2	('P', 'y') + ('t', 'h', 'o', 'n')	('P', 'y', 't', 'h', 'o', 'n')
n*seq(seq*n)	('Python',)*3	('Python', 'Python', 'Python')
seq[start : stop]	('P', 'y', 't', 'h', 'o', 'n')[2:4]	('t', 'h')
e in seq	'a' not in('P', 'y', 't', 'h', 'o', 'n')	False
e not in seq	'a' in('P', 'y', 't', 'h', 'o', 'n')	True
for e in seq	for a in('P', 'y', 't', 'h', 'o', 'n')	6 回の繰り返し

表 A.3.4　文字列に対するシーケンス型共通演算

式/文	スクリプト例	評価値
seq[i]	'computer'[3]	'p'
len(seq)	len('(._.)')	5
seq1 + seq2	'st' + "ring"	'string'
n*seq(seq*n)	3*'star'	'starstarstar'
seq[start : stop]	'pinapple'[3:8]	'apple'
e in seq	'a' in 'orange'	True
e not in seq	'a' not in 'grape'	False
for e in seq	for a in '12345'	5 回の繰り返し

表 A.3.5　range に対するシーケンス型共通演算

式/文	スクリプト例	評価値
seq[i]	range(0, 10, 2)[3]	6
len(seq)	len(range(0, 10, 2))	5
seq[start : stop]	range(0, 10, 2)[3 : 7]	range(6, 10, 2)
e in seq	5 in range(0, 10, 2)	False
e not in seq	5 not in range(0, 10, 2)	True
for e in seq	for a in range(0, 10, 2)	5回の繰り返し

（注）1. range の場合は，seq1 + seq2，n*seq はサポートされていない．
　　　2. range(10)のように引数が1つだけの場合，start = 0, step = 1 が省略されたと解釈される．

4. データ型独自の固有操作

表 A.4.1　リスト固有の（インスタンス）メソッド

式（メソッド）/文	意味	式	lst の値	評価値
lst.append(e)	e を lst の末尾に追加	lst.append(5)	[2, 1, 3, 4, 3, 5]	None
lst.count(e)	e が lst 内に出現する回数	lst.count(3)	lst	2
lst.insert(i, e)	e を lst の index i に挿入	lst.insert(3, 5)	[2, 1, 3, 5, 3, 4, 3]	None
lst.extend(lst1)	リスト lst1 の要素を lst の末尾に追加	lst.extend([5, 6])	[2, 1, 3, 4, 3, 5, 6]	None
lst.remove(e)	最初に出現した e を lst から削除	lst.remove(3)	[2, 1, 4, 3]	None
lst.index(e)	lst で e が最初に現れる index を返す	lst.index(3)	lst	2
lst.pop(i = -1)	lst の index i の要素を削除してその値．デフォルトは i = -1 で末尾の要素	lst.pop(0)	[1, 3, 4, 3]	2
lst.sort()	lst の要素をソートする	lst.sort()	[1, 2, 3, 3, 4]	None
lst.reverse()	lst の要素の順序を逆にする	lst.reverse()	[3, 4, 3, 1, 2]	None
del lst[i]	lst の index i の要素を lst から削除	del lst[3]	[2, 1, 3, 3]	—

lst ＝ [2, 1, 3, 4, 3] とした．
最後の行 del lst[i] は文であるため，評価値はない．

表 A.4.2　文字列に対する固有操作

式（メソッド）	意味
str.count(s)	str に文字列 s が出現する回数
str.find(s)	str の部分文字列 s の最初の出現インデックスを，s が str にない場合は -1
str.rfind(s)	find と同じ処理を str の末尾から始める
str.index(s)	find と同じだが，s が str にない場合は例外を発生させる
str.join(lst)	文字列のリスト lst のすべての文字列に str を間に挿入して連結した文字列
str.rindex(s)	index と同じ処理を str の末尾から始める
str.replace(old, new)	文字列 str 中の文字列 old をすべて文字列 new に置き換えた文字列
str.strip()	先頭のスペースを削除した文字列
str.rstrip()	末尾のスペースを削除した文字列
str.split(d)	d を区切り文字として使用して str を分割し，str の部分文字列のリスト

表 A.4.3　文字列（大文字と小文字の変換・判定）

式（メソッド）	意味
str.isupper()	すべての文字が大文字かどうか判定
str.islower()	すべての文字が小文字かどうか判定
str.istitle()	タイトルケース（単語の先頭一文字が大文字，他は小文字）かどうか判定
str.upper()	すべての文字を大文字に変換
str.lower()	すべての文字を小文字に変換
str.capitalize()	先頭の一文字を大文字，他を小文字に変換
str.title()	単語の先頭一文字を大文字，他を小文字に変換
str.swapcase()	大文字を小文字に，小文字を大文字に変換

表 A.4.4　文字列（大文字と小文字の変換・判定）

式（メソッド）	意味
str.isdecimal()	すべての文字が十進数の文字なら真，そうでなければ偽
str.isdigit()	すべての文字が数字なら真，そうでなければ偽
str.isnumeric()	すべての文字が数を表す文字なら真，そうでなければ偽
str.isalpha()	すべての文字が英字なら真，そうでなければ偽
str.isalnum()	すべての文字が英数字なら真，そうでなければ偽

表 A.4.5　辞書に対する固有（インスタンス）メソッド

式/文	意味
len(d)	d のアイテムの数
d.keys()	d のキーのリスト
d.values()	d の値のリスト
k in d	キー k が d にある場合 True，ない場合は False
d[k]	キー k の d の値，k が d にない場合は KeyError を出す
d.get(k, v)	d に k があれば d[k]を，そうでなければ v を返す
d[k] = v	値 v をキー k に関連付ける，k に関連付けられた値が既にある場合はその値を置き換える
del d[k]	d からキー k の要素を削除，k が d にない場合は KeyError を出す
for k in d	d のキーについて反復処理する

表 A.4.6　集合に対する固有（インスタンス）メソッド・演算

式	意味
S.add(e)	集合 S へ要素 e の追加
S.remove(e)	集合 S から要素 e の削除
A|B, A.union(B)	和集合
A & B, A.intersection(B)	共通集合
A-B, A.difference(B)	差集合
A^B, A.symmetric_difference(B)	対称差集合

5. 組み込みデータ型間の変換

表 A.5.1 組み込みデータ型間の変換

データ型 コンストラクター	例	文字列 str()	タプル tuple()	range —	リスト list()	辞書 dict()	集合 set()
文字列	'abc'	—	○		○		○
タプル	(1, 'a')	"(1, 'a')"	—		○		○
range	range(3)	'range(0, 3)'	○	—	○		○
リスト	[[], 1, 'b']	"[[], 1, 'b']"	○		—		△
辞書	{'a' : 1, 'b' : 2}	" {'a' : 1, 'b' : 2} "	○		○	—	○
集合	{'s', 'e', 't'}	" {'s', 'e', 't'} "	○		○		—

6. deque

表 A.6.1 deque

式（メソッド）	意味	式	dq の値†	評価値
deque()	両端キューのコンストラクタ	deque([2, 1, 3, 4])	[2, 1, 3, 4]	[2, 1, 3, 4]
append()	挿入メソッド（右端）	dq.append(5)	[2, 1, 3, 4, 5]	None
appendleft()	挿入メソッド（左端）	dq.appendleft(7)	[7, 2, 1, 3, 4]	None
pop()	右端からの pop メソッド	dq.pop()	[2, 1, 3]	4
popleft()	左端からの pop メソッド	dq.popleft()	[1, 3, 4]	2

deque は，キューとして解釈できる（キュー以外に，スタックも実現できる）．リストの右端からデータが挿入され，左端からデータが削除される．キューは，別名 FIFO（First In First Out）と呼ばれ，一番最初に挿入したデータが最初に取り出される．以下は，deque による queue（キュー）の実装である．

- 空のキュー：空のキュー deque()が対応する．
- is_empty(queue) : queue == deque()で実現できる．
- enqueue（queue, elm) : deque の append()を使って，queue.append(elm)で実現できる．
- dequeue（queue) : deque のインスタンスメソッド popleft()を使って，queue.pop()で実現できる．
- size(queue) : len(queue) で実現できる．

† deque()の表示を省略し，中身のキュー（リスト）のみの値を表示する．また，dq = deque([2, 1, 3, 4]）とした．queue は次でインポートする．
from collections imprt deque

引用・参考文献

A-G

- [Althoff16] Cory Althoff, The Self-Taught Programmer : The Definitive Guide to Programming Professionally, Triangle Connection LLC, 2016. 訳者：清水川貴之，独学プログラマー Python 言語の基本から仕事のやり方まで，日経 BP，2018.
- [Asano03] 浅野哲夫，増沢利光，和田幸一，アルゴリズム論（IT Text：情報処理学会編集），オーム社，2003.
- [Cormen09] T.H. Cormen, C.E. Leiserson, R.L. Rivest, C. Stein, Introduction to Algorithms, 3rd ed., MIT Press, 2019. 訳者：浅野他 4 名，世界標準 MIT 教科書，アルゴリズムイントロダクション，第 3 版，近代科学社，2012.
- [Devadas17] Srini Devadas, Programming for the Puzzled, Learn to Program While Solving Puzzles, 2017. 訳者：黒川，問題解決の Python プログラミング——数学パズルで鍛えるアルゴリズム的思考，オライリー・ジャパン，2018.
- [Goodrich13] Michael T. Goodrich, Roberto Tamassia, Michael H. Goldwasser, 'Data Structures and Algorithms in Python', 2013.

H-N

- [Hankin95] Chris Hankin, Lambda Calculi : A Guide for Computer Scientists, Oxford University Press, 1995.
- [Hetland10] Magnus Lie Hetland, 'Python Algorithms : Mastering Basic Algorithms in the Python Language', 2010.
- [Iba16] 伊庭斉志，プログラムで愉しむ数理パズル，—未解決の難問や AI の課題に挑戦—，コロナ社，2016.
- [Ida91] 井田哲雄，計算モデルの基礎理論，岩波講座ソフトウェア科学・理論 12，1991.
- [IEICE] 知識ベース「知識の森」6 群 3 編アルゴリズムとデータ構造，電子情報通信学会：http://www.ieice-hbkb.org/portal/doc_579.html
- [Iwanuma18] 岩沼宏治，美濃英俊，鍋島英知，山本泰生，データ構造とアルゴリズム，電子情報通信学会編，電子情報通信レクチャーシリーズ B-8，コロナ社，2018.
- [Guttag16] John V. Guttag, Introduction to Computation and Programming Using Python, Second Edition, With Application to Understanding Data, The MIT Press, 2016. 監訳：久保，訳者：麻生他 8 名，世界標準 MIT 教科書，Python 言語によるプログラミングイントロダクション，第 2 版，データサイエンスとアプリケーション，近代科学社.
- [Lasksonen18] Antti Laaksonen, 'Competitive programaer's Handbook', 2018. https://github.com/pllk/cphb/
- [Laaksonen18b] Antti Laaksonen, 'Guide to Competitive Programming : Learning and Improving Algorithms Through Contests', Springer, 2018.
- [Levitin11] Anany Levitin, Maria Levitin : Algorithmic Puzzles, Oxford University Press, 2011. 訳

者：黒川，松崎，アルゴリズムパズル，プログラマのための数学入門，O'Reilly Japan, Inc., 2014.
・[Maeda05] 前田富祺，日本語源大辞典，小学館，2005.
・[Masui20] 増井敏克，Python ではじめるアルゴリズム入門，翔泳社，2020.
・[MSJ07] 日本数学会編，岩波数学辞典第4版，岩波書店，2007.
・[Murata19] 村田剛志，Python で学ぶネットワーク分析―Colaboratory と NetworkX を使った実践入門―，オーム社，2019.
・[Nakamura11] 中村幸四郎，寺阪英孝，伊東俊太郎，池田美恵（翻訳），ユークリッド原論追補版（日本語），共立出版，2011.
・[Nishizawa18] 西澤弘毅，森田光，Python で体験してわかるアルゴリズムとデータ構造，近代科学社，2018.

O–U

・[Python] Python Practice Book：https://anandology.com/python-practice-book/getting-started.html
・[Python 3.9] https://docs.python.org/ja/3/（日本語版）
・[PEP8] PEP：8，Python コードのスタイルガイド，https://www.python.org/dev/peps/pep-0008/（公式），https://pep8-ja.readthedocs.io/ja/latest/（日本語版）
・[PEP20] The Zen of Python, https://www.python.org/dev/peps/pep-0020/
・[Ramalho15] L. Ramalho, Fluent Python, O'Reilly, 2015. 訳者：豊沢監訳，他2名，2017.
・[Schneider19] John B. Schneider, Shira Lynn Broschat, Jess Dahmen, 'Algorithmic Problem Solving with Python', Washington State University, 2019.
・[Slatkin19] B. Slatkin, Effective Python：90 Specific Ways to Write Better Python（Effective Software Development Series), O'Reilly, 2019. 訳者：石本技術監修，他1名，2020.
・[Skiena 08] Steven Skiena, 'The Algorithm Design Manual', 2nd Edition, Springer, 2008.
・[Ushijima06] 牛島和夫（編著），相利民，朝廣雄一（共著），離散数学（CD-ROM 付），コンピュータサイエンス教科書シリーズ，2006.

V–Z

・[Yoshida14] 吉田信夫，ユークリッド原論を読み解く～数学の大ロングセラーになったわけ～（数学への招待），技術評論社，2014.

索　引

【あ行】

【か行】

【さ行】

【た行】

【な行】

【は行】

【ま行】

【や行】

【ら行】

【英字】

【ギリシャ文字】

【数字】

――著者略歴――

富樫　敦（とがし　あつし）
1984年　東北大学大学院工学研究科博士後期３年の課程修了（電気及通信工学専攻）
　　　　工学博士（東北大学）
現在，静岡理工科大学教授

コンピュータプログラミング
――**Python** でアルゴリズムを実装しながら問題解決を行う――
Computer Programming
――Problem Solving by Implementing Algorithms in Python――

2022 年 4 月 28 日　初版第 1 刷発行

検印省略

編　者　一般社団法人
　　　　電子情報通信学会
　　　　https://www.ieice.org/
著　者　富　樫　　敦
発行者　株式会社　コロナ社
　　　　代表者　牛来真也
印刷所　三美印刷株式会社
製本所　有限会社　愛千製本所

112–0011　東京都文京区千石 4–46–10
発行所　株式会社　コロナ社
CORONA PUBLISHING CO., LTD.
Tokyo Japan
振替 00140–8–14844・電話(03)3941–3131(代)
ホームページ　https://www.coronasha.co.jp

ISBN 978–4–339–01822–6　C3355　Printed in Japan